Vanessa F. Bonazzi

Mécanismes d'action du suppresseur de tumeur hSNF5/INI1

Vanessa F. Bonazzi

Mécanismes d'action du suppresseur de tumeur hSNF5/INI1

Etude de l'homologie fonctionnelle et recherche de partenaires d'interaction

Presses Académiques Francophones

Impressum / Mentions légales

Bibliografische Information der Deutschen Nationalbibliothek: Die Deutsche Nationalbibliothek verzeichnet diese Publikation in der Deutschen Nationalbibliografie; detaillierte bibliografische Daten sind im Internet über http://dnb.d-nb.de abrufbar.
Alle in diesem Buch genannten Marken und Produktnamen unterliegen warenzeichen-, marken- oder patentrechtlichem Schutz bzw. sind Warenzeichen oder eingetragene Warenzeichen der jeweiligen Inhaber. Die Wiedergabe von Marken, Produktnamen, Gebrauchsnamen, Handelsnamen, Warenbezeichnungen u.s.w. in diesem Werk berechtigt auch ohne besondere Kennzeichnung nicht zu der Annahme, dass solche Namen im Sinne der Warenzeichen- und Markenschutzgesetzgebung als frei zu betrachten wären und daher von jedermann benutzt werden dürften.

Information bibliographique publiée par la Deutsche Nationalbibliothek: La Deutsche Nationalbibliothek inscrit cette publication à la Deutsche Nationalbibliografie; des données bibliographiques détaillées sont disponibles sur internet à l'adresse http://dnb.d-nb.de.
Toutes marques et noms de produits mentionnés dans ce livre demeurent sous la protection des marques, des marques déposées et des brevets, et sont des marques ou des marques déposées de leurs détenteurs respectifs. L'utilisation des marques, noms de produits, noms communs, noms commerciaux, descriptions de produits, etc, même sans qu'ils soient mentionnés de façon particulière dans ce livre ne signifie en aucune façon que ces noms peuvent être utilisés sans restriction à l'égard de la législation pour la protection des marques et des marques déposées et pourraient donc être utilisés par quiconque.

Coverbild / Photo de couverture: www.ingimage.com

Verlag / Editeur:
Presses Académiques Francophones
ist ein Imprint der / est une marque déposée de
AV Akademikerverlag GmbH & Co. KG
Heinrich-Böcking-Str. 6-8, 66121 Saarbrücken, Deutschland / Allemagne
Email: info@presses-academiques.com

Herstellung: siehe letzte Seite /
Impression: voir la dernière page
ISBN: 978-3-8381-7261-3

UNIVERSITÉ PARIS 7 - DENIS DIDEROT
UFR INSTITUT D'HEMATOLOGIE

nnée 2005

THÈSE

Pour l'obtention du Diplôme de

Docteur de l'Université Paris 7

Spécialité : Bases Fondamentales de l'Oncogénèse

Présentée et soutenue publiquement par

Vanessa BONAZZI

Le 24 novembre 2005

Mécanismes d'action du suppresseur de tumeur hSNF5/INI1 :

étude de l'homologie fonctionnelle

et recherche de partenaires d'interaction

Directeur de Thèse

Dr Olivier DELATTRE

Jury

Pr François SIGAUX   Président
Dr Serge-Pierrick ROMANA   Rapporteur
Dr Slimane AIT-SI-ALI   Rapporteur
Dr Jacques CAMONIS   Examinateur

ABRÉVIATIONS

ACF — ATP-utilizing Chromatin assembly and remodelling Factor
ADH — Alcohol deshydrogenase
ADN — Acide DésoxyriboNucléique
ADNc — ADN complémentaire
ADR — Alcohol Deshydrogenase Regulator
ALL-1 — Acute Lymphoid Leukemia 1
AMP — Adénosine Monophosphate
ARID — AT Rich Interaction Domain
ARN — Acide RiboNucléique
ARP — Actin-Related Protein
ATP — Adenosine TriPhosphate
ATTR — ATypical Teratoid Rhabdoïd Tumour

BAF — BRG1 associated factor
BAP — Brm-Associated Protein
bFGF — basic Fibroblast Growth Factor
bHLH — basic Helix-Loop-Helix
Brm — Brahma
BRG 1 — Brm/Swi-2-Related Gene 1

°C — degré Celsius
CAF-1 — Chromatin Assembly Factor 1
CAK — CDK activating kinase
CBP — CREB Binding Protein
CDC — Cell Division Cycle
CDK — Cyclin Dependent Kinase
CDKI — Cyclin Dependent KinaseInhibitor
C/EBP — CCAAT/Enhancer-Binding Protein
CHD factor — Chromo Helicase DNA binding
ChIP — Chromatin Immunoprecipitation
CHRAC — CHRomatin Accessibility Complex
CRE — cAMP Response Element
CNS — Central Nervous System
CPC — Choroid Plexus Carcinoma
CSF1 — Colony Stimulating Factor 1

HMG — High Mobility Group
HO — HOmothallic switching endonuclease
HPV — Human Papilloma Virus
HRE — Hormone response elements appelé
E-RC1
HSF-1 — Heat Shock Factor 1

ICM — Inner cell mass
IFN-β — Interféron béta
IN — INtegrase
INI1 — INtegrase Interactor 1
INK4 — INhibitor of cyclin D-cdk4 kinase
INO1 — inositol-1-Phosphatase
IRES — Internal Ribosomal external sequence
ISWI — Imitation SWItch

JAK — Janus Kinase

KAP-1 — Krab associated protein1
K — Lysine
kb — Kilobases
kDa — KiloDaltons

L — Leucine
LOH — Loss-Of-Heterozygosity

MAP kinase — Mitogen-Activated Protein kinase
MAPKK Kinase — Mitogen-Activated Protein Kinase Kinase
MAP3K — Mitogen-Activated Protein Kinase Kinase Kinase
MDa — MegaDaltons
MDM2 — Mouse Double Minutes type 2
MEF — Mouse Embyonal Fibroblast
MEF2 — Myocyte Enhancer 2
Mi-2 — Dermatomyositis specific nuclear autoantigen
mg — milligramme
min — minute
ml — millilitre
mM — millimolaire
µg — microgramme
µl — microlitre
µM — micromolaire
Myc — MyeloCytomatosis

NAD — Nicotinamide adenine dinucleotide
N-CoR — Nuclear CoRepressor
NES — nuclear export signal
ng — nanogramme

pb — Paires de Bases
Pc — PolyComb
PcG — PolyComb group of proteins
PBAF Factors — Polybromo, BRG 1 Associated
PCNA — Proliferating Cell Nuclear Antigen
PCR — Polymerase Chain Reaction
PML — ProMyelocytic Leukemia
PNET — Primitive NeuroEctodermal Tumour
PPAR — PeroxisomeProliferator-ActivatedReceptor
PYR — PYRimidine-rich

R — Arginine
RA — Retinoic Acid
RAR — Retnoic Acid Receptor
Rb — Retino Blastoma (gene or protein)
RSC — Remodel the Strucure of Chromatine
RXR — Retinoic X Receptor

SAGA — Spt-Ada-Gcn5-Acetyltransferase
SANT — Swi3-Ada2-N-CoR-TFIIIB
Sfh1 — Snf Five Homolog 1
Sin3 — Suppressor INefficient of Sup3-i
SMARCB1 — SWI/SNF related, matrix associated actin dependent regulator of chromatin, subfamily b, member 1
SNF — Sucrose Non-fermenting
Snr1 — SNF5-Related 1
SRG3 — SWI3-related gene product
Sth1 — Snf Two Homolog 1
STS — Sequence Tagged Site
SUC2 — Beta-fructofuranosidase 2 invertase

5

Swi	mating type SWItching
Swp	SWi/snf Protein
TAF	TBP Associated Factor
TBP	TATA binding protein
TK	Thymidine Kinase
TRM	Tumeur Rhabdoïdes Malignes
TrxG	TRithorax Group of proteins
TSG	Tumour Suppressor Gene
Tta	tetracycline-controlled transactivator
W	Tryptophane
WT1	Wilms Tumour gene

INDEX DES FIGURES et TABLEAUX

Figures

Tableaux

8

INTRODUCTION

Prologue

En 1997, le laboratoire de Pathologie moléculaire des tumeurs pédiatriques dirigé par le Docteur Olivier Delattre, travaillant sur la tumeur d'Ewing, reçoit l'échantillon d'une tumeur à petites cellules rondes. L'analyse caryotypique de ces cellules montre alors une délétion d'une région du chromosome 22 qui ne contient pas EWS. La comparaison avec d'autres études a ensuite permis de classer cette tumeur comme une tumeur rhabdoïde maligne, tumeur alors peu décrite. Ainsi naquit la thématique des tumeurs rhabdoïdes au laboratoire.

Les tumeurs rhabdoïdes malignes sont des tumeurs rares (environ 20 cas par an en France), qui touchent le jeune enfant, et sont extrêmement agressives et résistantes aux traitements. En 1998, le laboratoire a mis en évidence dans ces tumeurs la présence de mutations inactivatrices bialléliques du gène *hSNF5/INI1*. Ces mutations retrouvées de façon récurrente, se sont avérées être un évènement oncogénique majeur du développement tumoral. Des mutations constitutionnelles de ce gène ont été également observées dans certains cas familiaux de tumeurs rhabdoïdes, définissant un nouveau syndrome de prédisposition au cancer, à très forte pénétrance. Plus tard, le caractère suppresseur de tumeur de *hSNF5/INI1* a été renforcé par des études chez la souris où l'invalidation hétérozygote du gène *SNF5/INI1* entraîne également le développement de tumeurs de type rhabdoïde. hSNF5/INI1, que j'appellerai tout simplement INI1 dans la suite de mon exposé, est l'homologue de la protéine SNF5 chez *S.cerevisiae*, membre essentiel des complexes SWI/SNF. Ces complexes, constitués de multiples sous-unités très conservées au cours de l'évolution, ont une activité de remodelage de la chromatine ATP-dépendante et participent à la régulation transcriptionnelle de nombreux gènes.

A mon arrivée dans l'équipe, pour mon stage de DEA en 2001, les mécanismes du développement tumoral associés à la perte de fonction de *INI1* étaient peu connus. Nous avons donc entrepris l'étude des fonctions du suppresseur de tumeur INI1 autour de deux axes. La conservation entre espèces permettait d'envisager la levure *S.cerevisiae* comme outil d'étude de la protéine humaine INI1. Au cours de la première phase de ma thèse, j'ai donc testé l'homologie fonctionnelle entre cette protéine et son homologue SNF5. Puis j'ai tenté d'identifier de nouveaux partenaires d'interaction de INI1, pour ensuite tester leur implication dans les fonctions de INI1 et proposer un mécanisme d'action de la protéine.

9

Au cours de mon exposé, je présenterai tout d'abord les complexes SWI/SNF, la conservation des différentes sous-unités de la levure *S.cerevisiae* à l'homme et les différentes fonctions de ces complexes au sein de ces espèces. Puis je développerai les relations décrites entre les différents membres des complexes SWI/SNF et les processus tumoraux. Je détaillerai en particulier les modèles d'invalidation chez la souris, la drosophile et la levure. J'insisterai tout particulièrement sur INI1, en faisant un récapitulatif des travaux actuels concernant ses fonctions et ses partenaires d'interaction. Enfin, j'ai consacré une partie à la présentation de travaux utilisant la complémentation fonctionnelle comme introduction à mon analyse de la possible conservation de la fonction de INI1.

CHAPITRE I   Les complexes SWI/SNF, complexes de remodelage de la chromatine ATP dépendant

Le génome humain contient près de $3,3.10^9$ paires de bases d'ADN. S'il était totalement étalé, le génome aurait une longueur proche de 1m. Or, les noyaux de nos cellules représentent une sphère d'environ 6µm de diamètre (Lewin, 1994). L'ADN est donc compacté, sous forme de chromatine, qui induit notamment un enroulement périodique de 140pb d'ADN autour de nucléosomes, composés d'octamères d'histones H2A, H2B, H3 et H4. Cependant, l'assemblage de l'ADN en nucléosomes crée un obstacle potentiel aux interactions protéines-ADN nécessaires à la transcription, la réplication ou la réparation de l'ADN d'où l'existence d'activités enzymatiques de modifications de la chromatine (Wolffe and Kurumizaka, 1998). La cellule utilise deux types de processus : les modifications biochimiques, par exemple phosphorylation ou acétylation de certains résidus des histones (Luger and Richmond, 1998) et les modifications de structure par remodelage de la chromatine médié par des complexes spécifiques ATP-dépendants (Varga-Weisz and Becker, 1998). Seules les caractéristiques de ces complexes seront développées ici, le prototype étant le complexe SWI/SNF identifié initialement chez *S.cerevisiae* puis chez les eucaryotes supérieurs.

Le complexe SWI/SNF de *S.cerevisiae* fut le premier complexe de remodelage de la chromatine décrit. Son histoire débute dans les années 1982-1986 par les travaux de deux équipes. L'équipe de Marian Carlson recherchait des protéines régulant la transcription du gène *SUC2* codant l'invertase de *S.cerevisiae* et indispensable au métabolisme du sucrose. La recherche de mutants présentant des défauts de croissance similaires à ceux du mutant *suc2* ont permis d'identifier des gènes nommés *SNF* pour Sucrose Non Fermenting (Neigeborn and Carlson, 1984; Neigeborn et al., 1986). L'équipe de Stern étudiait, elle, la régulation du gène *HO* codant une exonucléase impliquée dans le changement du type sexuel chez la levure, le switch-mating type. Par le même type de crible ils ont identifié des gènes régulant la transcription de *HO*, les gènes *SWI* (Stern et al., 1984). Plus tard, des travaux ont montré que les mutants *swi* et *snf* présentaient les mêmes phénotypes (Abrams et al., 1986; Estruch and Carlson, 1990) et que les gènes *SNF* étaient également nécessaires à la régulation du gène *HO*, tout comme l'étaient les gènes *SWI* pour la régulation du gène *SUC2* (Peterson and Herskowitz, 1992; Yoshinaga et al., 1992). Ces similitudes suggéraient que ces protéines agissaient de concert et appartenaient à un même complexe, appelé le complexe SWI/SNF. Par la suite, les homologues des différentes sous-unités ont été identifiés chez plusieurs espèces comme la drosophile, l'homme, la souris, démontrant la conservation de ce complexe au cours de l'évolution.

11

1. Analyse descriptive des sous-unités

L'existence du complexe SWI/SNF a été démontrée en 1994 par différentes études biochimiques, qui ont permis d'identifier un complexe de 2 MDa comportant au moins 11 sous-unités différentes (Cairns et al., 1994; Peterson et al., 1994; Kwon et al., 1994). L'étude détaillée des différents complexes existant chez la levure, la drosophile et les mammifères montre que les différentes protéines homologues présentent des structures très proches avec des domaines fonctionnels conservés et des séquences ayant de forts pourcentages d'identités.

a. La sous-unité ATPase

Les complexes SWI/SNF contiennent tous une sous-unité catalytique, ATPase de la famille SWI2/SNF2.

Chez *S.cerevisiae, SWI2*, initialement identifié comme régulateur de la transcription de *HO*, est identique à *SNF2* dont la mutation entraîne un défaut de transcription de *SUC2* (Laurent et al., 1991). Les ATPases humaines ont été identifiées *in silico* lors de la recherche de gènes humains présentant des homologies de séquences avec les gènes *SWI2/SNF2* de *S.cerevisiae* et *Brahma* (*Brm*) de drosophile. L'équipe de Crabtree a identifié en 1993 le gène *BRG1* (*Brm/SWI-related gene1*) dont le domaine ATPase est capable de fonctionnellement remplacer celui de *SWI2/SNF2* (Khavari et al., 1993). *hBRM* a été découvert en même temps que *mBRM*, l'homologue murin de *SWI2/SNF2,* par une autre équipe (Muchardt and Yaniv, 1993). hBRM et BRG1 seraient essentielles à la liaison à l'ADN puisque leur absence dans des cellules humaines (SW13 et C33A) conduit au détachement des autres sous-unités du complexe à l'ADN (Bourachot et al., 1999; Muchardt and Yaniv, 1993; Zhao et al., 1998), restauré lors de la surexpression ectopique de BRG1. Toutes ces ATPases sont des protéines nucléaires d'environ 200 kDa qui contiennent 4 domaines principaux (**fig. 1**). La partie N-terminale comporte un domaine riche en proline et un domaine riche en acides aminés chargés. Le domaine central correspond à un <u>domaine hélicase</u> putatif mais SWI2/SNF2 ne semble pas capable de catalyser la séparation des doubles brins d'ADN (Cote et al., 1994; Laurent et al., 1993).

Ce domaine contient un site de liaison à l'ATP qui permet l'activité ATPasique ADN-dépendante, essentielle au fonctionnement du complexe. Le domaine C-terminal est un <u>bromodomaine</u>, composé de 110 acides aminés, qui pourrait être impliqué dans des interactions protéine-protéine et serait nécessaire à la stabilité et au transport vers le noyau (Muchardt and Yaniv, 1993). Le bromodomaine intervient également dans la régulation de la transcription et de la structure chromatinienne et il reconnaît spécifiquement les lysines acétylées des histones H3 et H4 (Winston and Carlson, 1992). Ce domaine conservé, est également retrouvé dans de nombreuses protéines de remodelage de la chromatine dont la plupart des HAT identifiées (Haushalter and Kadonaga, 2003).

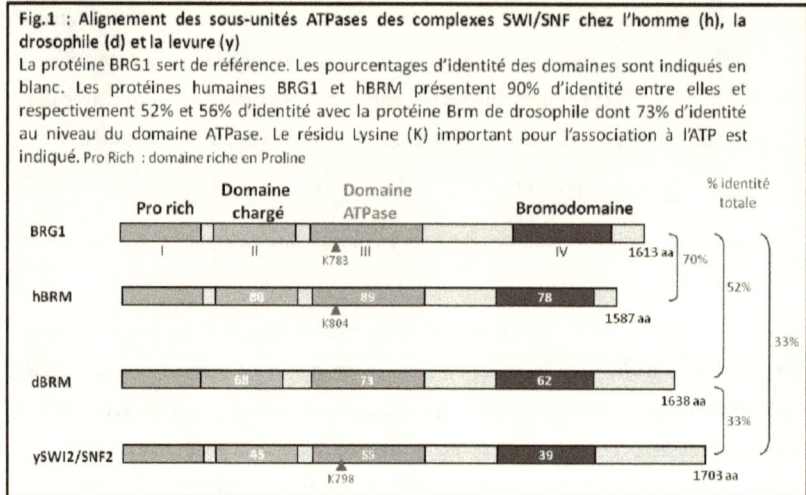

Fig.1 : Alignement des sous-unités ATPases des complexes SWI/SNF chez l'homme (h), la drosophile (d) et la levure (y)
La protéine BRG1 sert de référence. Les pourcentages d'identité des domaines sont indiqués en blanc. Les protéines humaines BRG1 et hBRM présentent 90% d'identité entre elles et respectivement 52% et 56% d'identité avec la protéine Brm de drosophile dont 73% d'identité au niveau du domaine ATPase. Le résidu Lysine (K) important pour l'association à l'ATP est indiqué. Pro Rich : domaine riche en Proline

b. Les protéines de la famille SNF5

L'étude de INI1, homologue humain de SNF5, faisant partie intégrante de mon travail, j'insisterai tout particulièrement, au cours de mon exposé, sur sa mise en évidence, l'étude de son inactivation et de sa fonction dans les différents modèles *S.cerevisiae*, drosophile et mammifères.

La sous-unité INI1, comme l'ATPase, est présente chez toutes les espèces étudiées. L'analyse des séquences protéiques montre une grande conservation chez *Saccharomyces Cerevisiae, Schizosaccharomyces Pombe, Caenorhabditis elegans, Drosophila melanogaster, Arabidopsis thaliana* (**fig. 2**). Chacune présente un domaine spécifique très conservé de près de 200 acides aminés, appelé domaine d'homologie de SNF5. Il est composé de deux régions imparfaitement répétées (Rpt1 et Rpt2) et d'un motif coiled-coil potentiel qui pourrait participer à des interactions avec d'autres protéines. L'homologie entre INI1 et ses orthologues peut atteindre 99,9% d'identité comme pour la protéine murine qui ne diffère que d'un seul acide aminé. La protéine de _C.elegans_ présente 49% d'identité mais comporte un domaine C-terminal supplémentaire, capable de lier l'ARN.

Le gène humain *INI1* a été identifié par deux équipes indépendantes, lors de deux cribles protéiques différents. En 1994, Kalpana et collaborateurs recherchaient un gène humain dont le produit se lie à l'intégrase du VIH-1 (Virus de l'Immunodéficience Humaine) et stimule

13

sa liaison à l'ADN (Kalpana et al., 1994). Un crible double hybride utilisant l'intégrase comme appât face à une banque d'ADNs complémentaires d'une lignée cellulaire monocytaire (HL60), a permis d'identifier un ADNc codant pour la protéine **INI1** pour **In**tégrase **I**nteractor **1**.

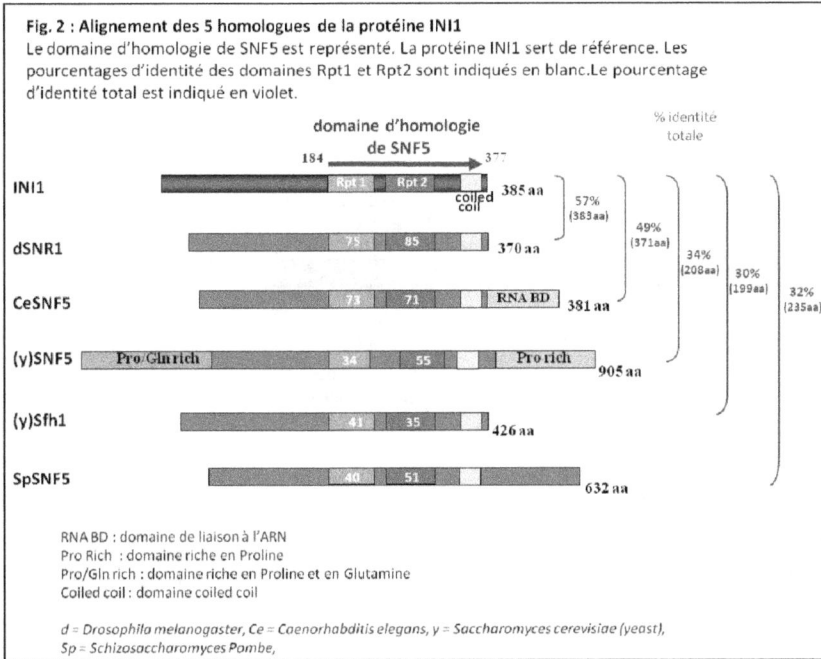

Fig. 2 : Alignement des 5 homologues de la protéine INI1
Le domaine d'homologie de SNF5 est représenté. La protéine INI1 sert de référence. Les pourcentages d'identité des domaines Rpt1 et Rpt2 sont indiqués en blanc.Le pourcentage d'identité total est indiqué en violet.

RNA BD : domaine de liaison à l'ARN
Pro Rich : domaine riche en Proline
Pro/Gln rich : domaine riche en Proline et en Glutamine
Coiled coil : domaine coiled coil

d = Drosophila melanogaster, Ce = Caenorhabditis elegans, y = Saccharomyces cerevisiae (yeast),
Sp = Schizosaccharomyces Pombe,

Des expériences complémentaires ont validé cette interaction par GST-pull down et montré que l'activité de l'intégrase dépendait de la quantité de INI1 présente. C'est lors de ces travaux que l'analyse des séquences a révélé l'homologie entre INI1 et SNF5 de *S.cerevisiae*. En 1995, un crible double hybride (Muchardt et al., 1995) identifie comme partenaire d'interaction de la protéine du rétinoblastome Rb, une protéine codée par l'ADNc *hSNF5*, présentant de fortes homologies avec *SNF5*. Cependant l'interaction directe entre hSNF5 et Rb n'a pas été confirmée par la suite.

L'étude du génome a montré que le gène *INI1* est localisé en 22q11.2 et réparti sur 50 kb. Il est composé de neuf exons qui, par épissage alternatif de 27 bases au niveau de l'exon 2, codent deux transcrits traduits en deux isoformes protéiques. La forme principalement étudiée, représentée **figure 3**, comporte 385 acides aminés (grande isoforme de 47 kDa) et est aussi appelée **BAF 47**, pour BRG1 Associated Factor de 47 kDa et également **SMARCB1** pour SWI/SNF related Matrix-associated Actin dependent Regulator of Chromatin, subfamily b,

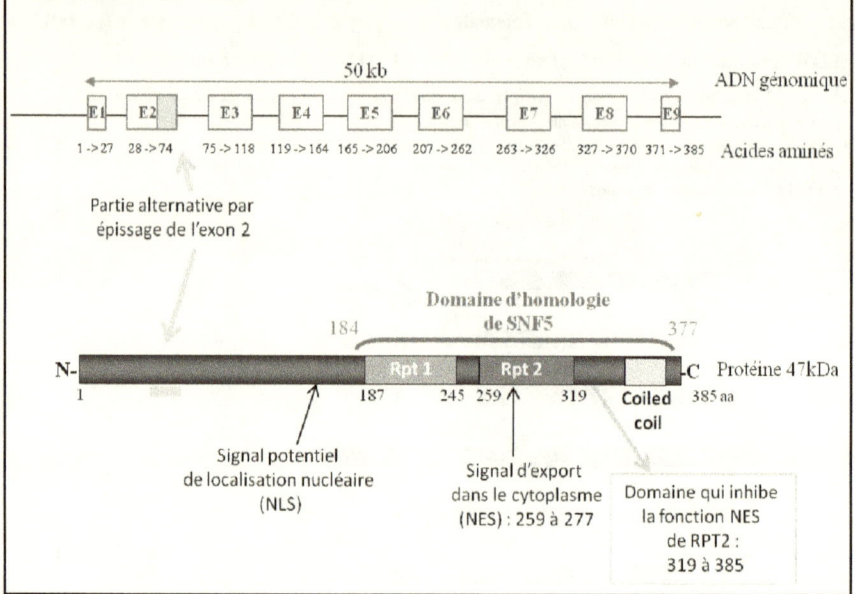

Fig. 3: structure génomique et protéique de INI1

member 1 (Bruder et al., 1999). La protéine INI1 présente une expression ubiquitaire (Kalpana et al., 1994) et une localisation nucléaire (Muchardt et al., 1995) avec exclusion des nucléoles, superposable à celle de BRG1.

Chez *S.cerevisiae*, il existe deux homologues de *INI1* : *SNF5* initialement identifié comme gène dont la mutation réverse le phénotype associé à la mutation du gène *SUC2* de l'invertase (Carlson et al., 1981; Neigeborn and Carlson, 1984) et *SFH1* (**S**NF **F**ive **H**omolog 1). SNF5 est une protéine de 102 kDa qui présente la caractéristique unique, au sein de cette famille, d'un domaine N-terminal riche en glutamines et en prolines, retrouvé dans certains activateurs transcriptionnels et d'un domaine C-terminal riche en prolines. En revanche, SFH1 ne fait pas partie du complexe SWI/SNF mais d'un autre complexe de remodelage de la chromatine appelé RSC pour **R**emodels the **S**tructure of **C**hromatin (Cao et al., 1997). Ce complexe, 10 fois plus abondant que le complexe SWI/SNF (1000 molécules par cellule haploïde) est composé d'au moins 18 sous-unités (Krebs et al., 1999) dont Sth1, Sfh1, Rsc8 homologues respectifs de SWI2/SNF2, SNF5 et SWI3 (Cairns et al., 1996b). Des travaux démontrent que ce complexe régule des promoteurs de gènes non soumis au contrôle de SWI/SNF.

15

c. *Les autres membres du complexe*

Selon les espèces et les tissus étudiés, d'autres sous-unités ont été mises en évidence. Je présente ici celles qui ont été les plus étudiées.

c1. *Les autres protéines SWI et SNF de levure*

Le gène *SWI1*, initialement identifié dans le crible des mutants déficients pour le « switch », code une protéine de 148 kDa également appelée ADR6 car nécessaire à la régulation de la transcription des gènes codant l'ADH (Alcohol Deshydrogenase). SWI1 contient deux domaines spécifiques : un domaine ARID (AT-Rich Interaction Domain) susceptible d'interagir avec des séquences AT-rich et un domaine N-terminal à doigt de Zinc. Des séquences riches en glutamines et en asparagines, souvent retrouvées dans des activateurs de la transcription, ont été identifiées (Peterson and Herskowitz, 1992). Ces données suggèrent un rôle de facteur de transcription mais aucune confirmation n'a été obtenue.

Le gène *SWI3* code une protéine nucléaire de 99 kDa dont le domaine SANT, retrouvé dans différentes autres protéines (**S**wi3p, **A**da2, **N**-CoR, **T**FIIB) permettrait l'interaction avec la partie N-terminale de SWI2 (Peterson and Herskowitz, 1992; Treich et al., 1995).

D'autres protéines, telles que SNF11, SWP73, SWP61 et SWP59, ont été identifiées par la suite à l'aide de nouveaux cribles génétiques (recherche de nouveaux mutants) ou par double-hybride. Ainsi la recherche de protéines interagissant avec le domaine N-terminal de SWI2/SNF2 a permis l'identification de SNF11, petite protéine de 19 kDa qui est présente dans certaines fractions copurifiées du complexe SWI/SNF. SNF11 serait impliquée dans l'activation transcriptionnelle mais aucun domaine spécifique n'a été décrit (Treich et al., 1995). Tout comme pour *SNF6*, aucun homologue correspondant au gène *SNF11* n'a été, à ce jour, identifié dans d'autres espèces.

c2. *Les protéines BAP de drosophile*

Les protéines associées à l'ATPase Brahma (Brm) chez la drosophile, les BAP (**B**rahma **A**ssociated **P**roteins) ont été successivement identifiées, par criblage génétique ou via leur interaction avec Brm. Par exemple *Moira*, homologue de *SWI3* (Harding et al., 1995) a été identifié pour son rôle suppresseur de Polycomb et son implication dans la régulation des gènes homéotiques au niveau des tissus imaginaux et du gène *engrailed* (*en*) au cours du développement des disques imaginaux de l'aile de drosophile (Brizuela and Kennison, 1997). OSA, mis en évidence lors du même type de crible, est l'homologue de SWI1 et contient également un domaine ARID (Talbert and Garber, 1994).

c3. Les protéines BAF de mammifères

La **figure 4** ci-contre représente les différentes protéines BAF, sous-unités des complexes BAF (**B**RG1 **A**ssociated **F**actors) et PBAF (**PolyB**romo **A**ssociated **F**actors) associées à leurs différents domaines respectifs. Toutes les BAF présentent une expression ubiquitaire, et au niveau cellulaire, sont principalement retrouvées dans le noyau.

BAF155 et BAF170 sont toutes deux les homologues de la protéine SWI3 de *S.cerevisiae* (Phelan et al., 1999; Wang et al., 1996). Ces protéines présentent 62% d'homologies entre elles et ont une structure très proche. Trois domaines fonctionnels ont été identifiés : un domaine N-terminal SWIRM (car présent dans les 3 homologues SWI3-RSC8-Moira) impliqué dans des interactions protéine-protéine, un domaine SANT potentiellement nécessaire à la liaison à l'ADN, et un domaine C-terminal de type Leucine-Zipper qui permettrait une oligomérisation.

BAF250, homologue de SWI1 de *S.cerevisiae*, possède un domaine ARID qui permet la liaison à l'ADN (Nie et al., 2000). Cette protéine serait impliquée dans l'activation transcriptionnelle médiée par les récepteurs nucléaires d'hormones, la spécificité d'action étant liée à l'association avec d'autres cofacteurs.

BAF180, contient 6 bromodomaines qui permettraient de cibler le complexe au niveau des régions ouvertes de la chromatine dont les extrémités des histones sont hyperacétylées. Cette protéine contient également deux domaines de liaison potentielle à l'ADN, un domaine BAH (Bromo-Adjacent Homology) retrouvé dans les protéines Rsc1 et Rsc2 de levure et dans certaines ADN méthylases ainsi qu'un domaine HMG.

BAF60, homologue humain de la protéine SWP73 de *S.cerevisiae*, possède un domaine SWIB, homologue à celui de P53 pour la liaison à MDM2, motif également présent dans certaines topoisomérases.

BAF53 est une protéine structurellement proche de l'actine, qui elle-même est éluée lors des purifications du complexe sur colonne (Zhao et al., 1998). De manière intéressante, BAF53 a été retrouvée associée à d'autres complexes de remodelage de la chromatine ainsi qu'au complexe Tip60/NuA4 histone acétyltransferase, impliqué dans la réponse cellulaire suite à une cassure double brin de l'ADN (Ikura et al., 2000).

BAF57 contient un domaine HMG et un domaine coiled-coil qui permettrait une liaison à l'ADN mais cette protéine a été définie comme non essentielle à la liaison de SWI/SNF à l'ADN (Wang et al., 1998).

Fig.4 : Sous-unités des complexes humains BAF et PBAF

	domaines connus et fonctions		
BAF155	SWIRM	petite hélice → de 85 aa, domaine putatif d'intéraction protéine-protéine	
	+		
BAF170	SANT	liaison à l'ADN	
	+		
	Leu Zipper	oligomérisation	
BAF60a	SWIB	homologue du domaine de liaison à P53 de MDM2. Motif présent dans certaines DNA Topoisomerases	
BAF60b			
BAF250	ARID	liaison à l'ADN	
BAF180	Bromo, BAH, HMG	liaison à l'ADN	
BAF53	Actin-related protein	association du complexe à la matrice nucléaire et à la chromatine	
BAF57	coiled-coil		
	HMG	liaison à l'ADN	
actine	ATPase, Ca^{2+} binding	association du complexe à la matrice…à la chromatine	

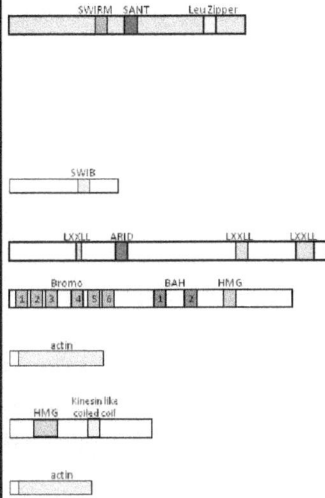

SWIRM : SWI3p, Rsc8p, Moira
SANT : Swi3, Ada2, N-CoR, TFIIB
ARID : A/T-Rich Interaction Domain
HMG : High Mobility Group
Leu Zipper : Leucine Zipper

Schéma du complexe SWI/SNF contenant les différentes BAFs

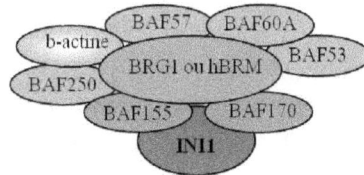

18

2.   Structuration des complexes

a.   L'association des différentes sous-unités définit plusieurs complexes

Après l'identification des différentes protéines SWI et SNF et de leurs homologues, leur association en complexe a été montrée en différentes étapes, définissant ensuite une interdépendance fonctionnelle entre toutes ces sous-unités. La composition de chaque complexe a été identifiée par purification sur colonne et est résumée dans le **tableau 1**. Par exemple, Kwon et collaborateurs ont identifié et purifié partiellement le complexe SWI/SNF humain à partir d'extraits nucléaires de cellules Hela fractionnés et élués sur colonne de chromatographie (Kwon et al., 1994). Cette équipe a purifié le complexe en deux fractions qui varient dans leur composition et la quantité de chaque sous-unité. Ces deux fractions sont capables, *in vitro*, en présence d'ATP, d'avoir comme substrat aussi bien un ADN nu qu'une structure mono-nucléosomale. Ces résultats ont été confirmés en 1996, par l'équipe de Wang, qui a purifié complètement le complexe en utilisant les anticorps spécifiques des différentes sous-unités (Wang et al., 1996). Cette étude a montré que BRG1 et hBRM étaient exclusives au sein du complexe dans la mesure où seule une des deux ATPases était retrouvée lors des purifications. Ces résultats suggèrent donc l'existence de deux types de complexes caractérisés par l'ATPase présente et l'association de sous-unités spécifiques. Le complexe SWI/SNF-A ou BAF peut contenir aussi bien BRG1 que hBRM et une sous-unité spécifique, BAF250, homologue des protéines SWI1 de levure et OSA de drosophile. Le complexe SWI/SNF-B ou PBAF (homologue humain du complexe RSC) contient, lui, uniquement l'ATPase BRG1 et une sous-unité spécifique, BAF180 ou Polybromo (Xue et al., 2000). Les sous-unités INI1, BAF155 et BAF170 restent toujours présentes quelle que soit l'association protéique.

Les interactions entre certaines sous-unités ont également été décrites chez différentes espèces par des expériences d'immunoprécipitations et de GST-pull down :

ii.   chez la levure *S.cerevisiae*, ces expériences montrent des associations spécifiques entre toutes les sous-unités du complexe SWI/SNF (Laurent et al., 1990 et 1993; Yoshinaga et al., 1992) ;

iii.   chez la drosophile, l'interaction entre Brahma et Snr1 a été validée (Dingwall et al., 1995) ; une interaction Brahma-OSA a également été mise en évidence (Vazquez et al., 1999) ;

iv.   chez l'homme, le domaine SANT des protéines BAF155 et BAF170 optimiserait leur liaison à BRG1(Phelan et al., 1999; Wang et al., 1996). BAF53 et l'actine permettraient l'association du complexe à la matrice nucléaire et à la chromatine (Zhao et al., 1998).

Tableau 1 : Composition des complexes SWI/SNF et correspondance entre les sous-unités chez la levure, la drosophile et et l'homme

Notez que certaines sous-unités sont communes aux complexes BAP, PBAP de drosophile et BAF, PBAF humains; d'autres sont spécifiques d'un type de complexe. De par leur composition et leur fonction, les complexes SWI/SNF de levure, BAF et BAP sont homologues. De même, les complexes RSC, PBAP et PBAF sont homologues.

Levure		Drosophile		Humain	
SWI/SNF	RSC	BAP	PBAP	BAF	PBAF
Swi2/Snf2	Sth1	Brahma	Brahma	BRG1 ou hBRM	BRG1
Snf5	Sfh1	Snr1	Snr1	hSNF5/INI1	hSNF5/INI1
Swi3	Rsc8	Moira	Moira	BAF 155 / BAF 170	BAF 155 / BAF 170
Swp73	Rsc6	BAP 60	BAP 60	BAF 60a	BAF 60a ou BAF 60b
Swi1/Adr6		OSA		BAF 250	
	Rsc1				
	Rsc2		Polybromo		BAF 180 / Polybromo
	Rsc4				
Swp61 / Arp7 Swp59 / Arp 9	Rsc11 / Arp7 Rsc12 / Arp9	Bap 55	BAP 55	BAF 53	BAF 53
	Rsc9		BAP 170		
		BAP 111	BAP 111	BAF 57	BAF 57
		actine	actine	actine	actine
	Rsc5, 7, 10, 13-15				
	Rsc3, Rsc30				
Swp82 Swp29/Tfg3/TAF30/Anc1 Snf6, 11					

b. Modifications et niveaux d'expression des sous-unités du complexe SWI/SNF

Au cours du cycle cellulaire, certains membres du complexe voient varier leur expression ainsi que leur régulation. Ainsi, les ATPases hBRM et BRG1 sont très fortement exprimées en phase G0/G1. Une interaction spécifique a été montrée entre BRG1 et la cycline E (Shanahan et al., 1999) qui module l'activité du complexe pour maintenir la chromatine dans un état transcriptionnellement permissif. Au cours de la phase G1, la cycline E associée à CDK2 forme un complexe capable de phosphoryler spécifiquement BAF155 et BRG1, entraînant l'inhibition de l'arrêt du cycle médié par BRG1 et la protéine Rb du rétinoblastome.

Avant l'entrée en phase M, les protéines BRG1 et hBRM subissent une phosphorylation qui entraîne une diminution spécifique du taux de hBRM, soit par protéolyse, soit par diminution de la traduction de son transcrit qui reste constant. En revanche la quantité de protéine BRG1 ne varie pas (Muchardt et al., 1996; Sif et al., 1998). L'acteur de cette phosphorylation n'est pas connu pour hBRM mais il semblerait que la kinase ERK1 mais aussi d'autres MAP-K soient capables de phosphoryler BRG1 (Sif et al., 1998). Cette phosphorylation ne modifie pas l'association avec INI1 ou les autres protéines du complexe, mais diminue l'affinité pour les structures nucléaires en début de phase M. La protéine BAF155 peut également être phosphorylée (Sif et al., 1998) et les complexes contenant BRG1 et BAF155 phosphorylées sont sous forme inactivée en phase G2/M. Toutes ces modifications sont concomitantes à l'exclusion chromosomale du complexe SWI/SNF lors de cette transition. Cet évènement est important car il ferait partie du mécanisme conduisant à l'arrêt de la transcription pendant la mitose. La protéine INI1 serait également exclue des chromosomes mitotiques, mais aucune modification post-traductionnelle n'a été décrite.

hBRM peut également être acétylée au niveau de son domaine C-terminal spécifique, absent de son homologue BRG1 (Bourachot et al., 2003). La mutation des deux sites d'acétylation entraîne une augmentation de l'inhibition de la croissance et l'activité transcriptionnelle de hBRM, en revanche, elle n'empêche pas l'association de hBRM à INI1 et BAF155.

Dans ce chapitre, j'ai décrit les différents protagonistes membres des complexes SWI/SNF dans différentes espèces et discuté de la variabilité de leur composition. Je vais maintenant détailler leurs fonctions au sein de différents processus cellulaires.

CHAPITRE II   Fonctions des complexes SWI/SNF

Les complexes SWI/SNF sont indispensables à la régulation de facteurs impliqués dans différents processus cellulaires, tels que la transcription mais aussi la prolifération, la réparation et la différenciation chez les eucaryotes supérieurs, ce qui les rend incontournables.

Les fonctions des complexes SWI/SNF découlent essentiellement de leur activité de remodelage. La liaison des complexes SWI/SNF aux nucléosomes et à l'ADN survient avec une forte affinité mais ne semble pas dépendre de sites de fixation spécifiques (Bazett-Jones et al., 1999; Quinn et al., 1996). Selon C. Muchardt et M. Yaniv, il est possible de distinguer deux groupes de promoteurs. Dans les régions pauvres en nucléosomes, les promoteurs SWI/SNF indépendants contiendraient des sites de liaison pour des activateurs de forte affinité. Les promoteurs SWI/SNF dépendants, couverts de nucléosomes, nécessiteraient, eux, des activateurs transcriptionnels de faible affinité (Muchardt and Yaniv, 1999).

Je me suis donc intéressée à la mécanistique de cette activité de remodelage largement étudiée dans la littérature. Je détaille ensuite les principales cibles des complexes SWI/SNF chez la levure et chez les mammifères. Un chapitre est spécifiquement dédié à l'étude de la fonction de INI1 par sa réexpression dans des cellules déficientes et par l'analyse de ses différents partenaires d'interaction décrits dans la littérature. Je terminerai en exposant les différents modèles d'invalidation qui ont été développés chez la souris.

1.   Mode d'action des complexes SWI/SNF

a. Mise en évidence de la fonction de remodelage de la chromatine *in vitro*

Pour mieux comprendre le rôle de SWI/SNF *in vivo*, il était important de comprendre les mécanismes de remodelage et le statut des nucléosomes remodelés résultant de l'action de SWI/SNF.

Différentes approches expérimentales ont été développées pour visualiser le remodelage médié par le complexe SWI/SNF.

• Le complexe SWI/SNF modifie la sensibilité d'une région nucléosomale à la digestion par la DNase I ou d'autres enzymes de restriction (**fig. 5**), en diminuant les contacts histones-ADN tant *in vitro* que *in vivo* (Cote et al., 1994; Hirschhorn et al., 1992).

22

Fig.5 : Illustration de la modification de la sensibilité aux enzymes de restriction d'un fragment d'ADN linéaire soumis à l'activité de remodelage de SWI/SNF

Le fragment d'ADN utilisé contient 3 sites de restriction, NcoI, HincII et BamHI, et un nucléosome ne couvrant qu'un seul de ces sites (HincII). Après action du complexe SWI/SNF, on observe une augmentation du clivage par HincII et une diminution pour NcoI et BamHI démontrant une modification de l'accessibilité de ces sites. Le site HincII se trouve plus accessible et les deux autres protégés, grâce au déplacement du nucléosome par le complexe.

Exemple tiré de Jaskelioff et al., 2000

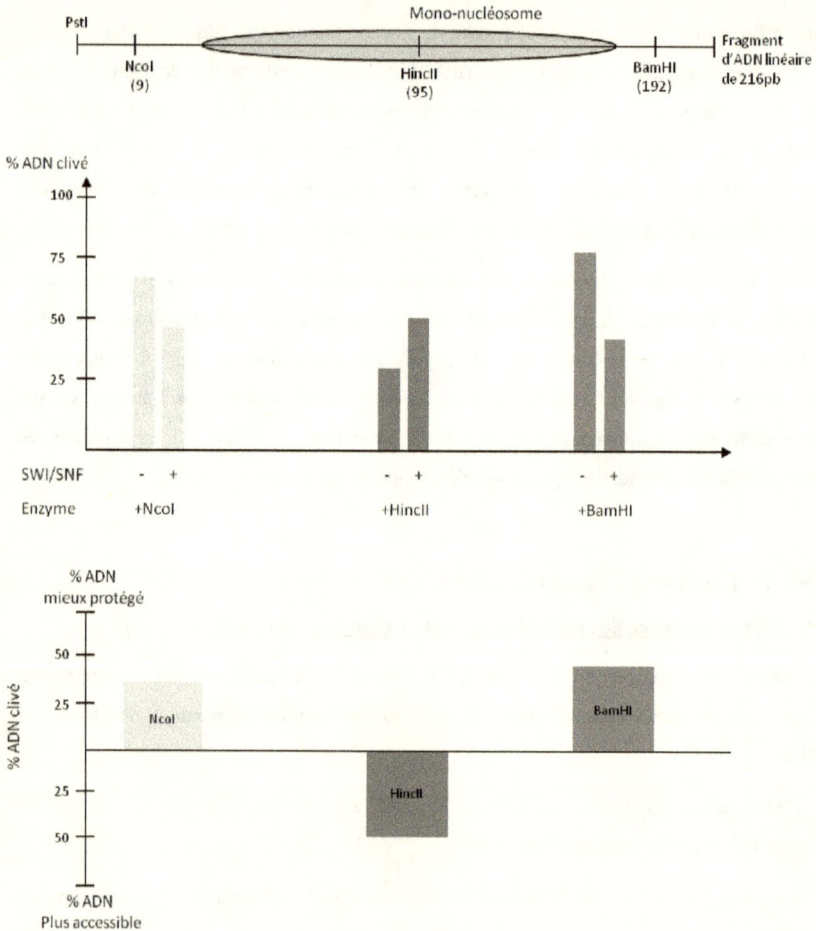

- Par son activité ATPasique, le complexe SWI/SNF est capable de former des structures di-nucléosomales remodelées stables, qui persistent après le retrait du complexe. Ainsi, les nucléosomes passent d'un état basal à un état remodelé, conservant la même composition protéique, la réversion étant possible par l'action de SWI/SNF accompagnée de l'hydrolyse de l'ATP (Schnitzler et al., 1998). Ce déplacement des nucléosomes conduit à un équilibre favorisant l'accessibilité de protéines liant l'ADN comme des facteurs de transcription et des enzymes de restriction (**fig. 5**)(Logie and Peterson, 1997; Utley et al., 1997 ; Lorch et al., 1999; Lorch et al., 2001).

- Le complexe SWI/SNF induit une diminution du super enroulement d'un ADN circulaire, plasmidique par exemple, en diminuant l'enroulement de l'ADN sur lui-même (Imbalzano et al., 1996; Kwon et al., 1994). Le complexe est également capable, grâce à l'énergie libérée par l'hydrolyse de l'ATP, d'induire un super enroulement sur de l'ADN linéaire nu (Havas et al., 2000).

- L'utilisation de la spectroscopie électronique a montré que le complexe SWI/SNF modifiait les points de contact à la surface de l'ADN, induisant ainsi la formation de boucles d'ADN qui permettent le rapprochement de sites distants (Bazett-Jones et al., 1999). Un seul complexe semble suffisant pour dérouler sur une boucle une région contenant plusieurs nucléosomes.

- Des expériences menées sur de l'ADN linéaire ont permis de montrer que SWI/SNF est capable de déplacer des nucléosomes aux extrémités de l'ADN, entraînant ainsi une certaine protection de ces extrémités (Jaskelioff et al., 2000).

- Deux observations ont conduit à éliminer l'hypothèse d'une potentielle destructuration des nucléosomes par l'action de SWI/SNF. Le cross-link des octamères d'histones qui fige les interactions entre histones, ne perturbe pas le remodelage des nucléosomes induit par le complexe SWI/SNF (Bazett-Jones et al., 1999). La spectroscopie électronique n'a montré aucune modification des histones au sein du nucléosome au cours des processus de remodelage (Boyer et al., 2000; Cote et al., 1998).

En résumé, plusieurs modèles de remodelage de la structure nucléosomale ont été élaborés à partir des différentes approches expérimentales, ce qui permet de conclure que les complexes SWI/SNF modifient la structure chromatinienne de diverses manières aboutissant à différentes formes d'ADN nucléosomal : ils sont capables de déplacer les nucléosomes et de modifier la topologie de l'ADN sans altérer la composition en histones. Tous ces mécanismes ne sont pas exclusifs et dans tous les cas, l'accessibilité de l'ADN au niveau d'une région donnée se retrouve changée suite à l'activité d'un complexe de remodelage ATP-dépendant. La revue de A.Eberharter et P.B. Becker de 2004 regroupe de façon claire et détaillée ces différents mécanismes (Eberharter and Becker, 2004) **(fig. 6)**. Il est tout de même important de souligner que ce sont des approches *in vitro* qui ont permis d'établir ces différents modèles et que *in vivo,* il est fort probable que l'interaction avec d'autres facteurs, la présence de différents substrats et autres métabolites de réactions environnantes, les conditions salines, les spécificités tissulaires, modifient les conditions de remodelage. Il est donc difficile d'établir actuellement un modèle exhaustif pour le complexe SWI/SNF.

Fig.6 : Modèles du remodelage nucléosomal lié à l'activité ATPase du complexe SWI/SNF
tiré de Eberharter, A. et al. J Cell Sci 2004;117:3707-3711

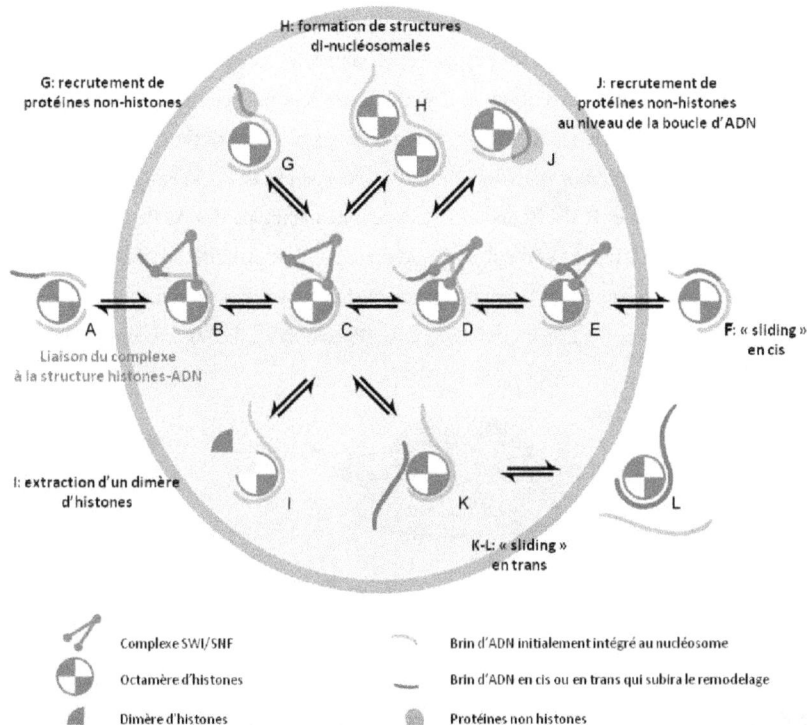

H: formation de structures di-nucléosomales

G: recrutement de protéines non-histones

J: recrutement de protéines non-histones au niveau de la boucle d'ADN

G   H   J

A   B   C   D   E   F: « sliding » en cis

Liaison du complexe à la structure histones-ADN

I: extraction d'un dimère d'histones

I   K   L

K-L: « sliding » en trans

Complexe SWI/SNF
Octamère d'histones
Dimère d'histones

Brin d'ADN initialement intégré au nucléosome
Brin d'ADN en cis ou en trans qui subira le remodelage
Protéines non histones

- La machinerie de remodelage (représentée en vert) ciblerait un nucléosome au niveau de la moitié de l'octamère d'histones et l'extrémité de l'ADN (position B). Un changement conformationnel entraînerait un déplacement du segment d'ADN au niveau de la surface du nucléosome (position C), créant ainsi une boucle d'ADN pouvant se propager à la surface du nucléosome en une succession de ruptures-reformations des contacts histones-ADN. Ainsi ce glissement le long du brin d'ADN, phénomène de « sliding » en cis (position F) conduit à une relocalisation du nucléosome au segment d'ADN voisin. De façon momentanée, ce transfert aboutit à la formation de régions d'ADN sans nucléosomes, et alors sensibles à la digestion par la DNAse I, par exemple. Ce mécanisme de « sliding » ne modifiant pas la quantité d'ADN exposée mais simplement la région de l'ADN qui sera mise à nue, est supposé être impliqué dans des modifications transitoires de la chromatine.
- L'ADN ainsi libéré peut aussi initier un déplacement en trans sur un brin adjacent (positions K et L) ou interagir avec un autre octamère d'histones conduisant à une structure di-nucléosomale (position H).
- La balance vers le transfert en cis ou en trans dépendrait de la quantité de complexes SWI/SNF disponible localement ainsi que de l'éventuelle présence d'un obstacle sur le brin en cis. Pour obtenir le même déplacement, il faut cependant beaucoup plus de complexes et d'énergie pour un « sliding » en trans.
- Une autre alternative pourrait conduire à l'extraction d'un dimère H2A/H2B (position I) qui pourrait être remplacé par une variante. L'ADN serait également plus accessible à des protéines non-histones (facteurs de transcription ou autres cofacteurs) (positions G ou J) ou des histones pendant la formation de dimères de nucléosomes (H).

26

b. Définition fonctionnelle du core complexe

Des expériences ont permis de définir le core complexe de SWI/SNF qui se résume aux sous-unités nécessaires et suffisantes à son activité optimale, *in vitro*. En effet, les ATPases humaines BRG1 et hBRM purifiées sont capables de remodeler la structure de nucléosomes reconstitués, via leur activité d'hydrolyse de l'ATP. Quatre fois plus de molécules de hBRM sont nécessaires pour obtenir le même niveau de remodelage que celui observé avec BRG1 ce qui permet de définir des activités spécifiques et différentes de ces deux ATPases. L'ajout des sous-unités INI1, BAF155 et BAF170 aboutit à une activité maximale des ATPases liée à une meilleure affinité de BRG1 pour son substrat nucléosomal, une stabilité optimale du mini-complexe et une potentialisation de l'activité de remodelage qui est alors comparable à celle observée avec un complexe SWI/SNF complet purifié (Phelan et al., 1999). Le core complexe se schématise donc ainsi :

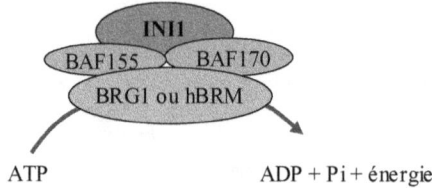

INI1

BAF155 BAF170

BRG1 ou hBRM

ATP   ADP + Pi + énergie

Toutefois, ces données soulèvent inévitablement une question : pourquoi le complexe SWI/SNF, de 2MDa, contient-il autant de sous-unités ? Des observations *in vivo* permettent d'apporter des éléments de réponse : - Chez *S.cerevisiae*, l'absence d'un membre du complexe suffit à inhiber son activité et à entraîner un phénotype mutant *swi* ou *snf*. De même pour le complexe RSC, la perte de fonction d'une sous-unité est létale pour la majorité d'entre elles.

- D'autre part, il est fort probable que certaines sous-unités soient indispensables à la modulation de l'affinité ou du choix de la séquence cible pour l'activité de remodelage de la structure nucléosomale. Par exemple, chez *S.cerevisiae*, la protéine SNF5 serait essentielle à l'assemblage du complexe SWI/SNF et au recrutement du complexe au niveau des promoteurs cibles (Geng et al., 2001). D'autres protéines auraient un rôle secondaire, par exemple de ciblage spécifique du complexe sur des régions d'ADN ou de recrutement d'autres cofacteurs. Ainsi, BAF60a interagit avec les facteurs de transcription Fos/Jun (Ito et al., 2001) et BAF53 permet l'association du complexe à la matrice nucléaire, ce qui optimise l'activité de BRG1 (Zhao et al., 1998). BAF57 interagit avec le récepteur aux œstrogènes (Belandia et al., 2002) et son domaine HMG serait indispensable à la régulation de la transcription des gènes codant les récepteurs CD4 et CD8 dans les lymphocytes (Chi et al., 2002).

2. SWI/SNF et régulation de différents processus cellulaires

a. SWI/SNF et cycle cellulaire

Au cours du cycle cellulaire, le complexe SWI/SNF joue un rôle important régulé par son statut (actif/inactif) qui varie. Ce statut est lié aux phosphorylations et acétylations de certaines de ces sous unités (détaillées au chapitre I.2b). Ainsi en début de phase G1, SWI/SNF actif induit l'ouverture de la chromatine et facilite la transcription de gènes spécifiques, en permettant l'accès de facteurs de transcription activateurs se liant à l'ADN. Le complexe peut alors s'associer à des histones acétyltransférases (HAT) ou à des histones déacétylases (HDAC). Les HAT facilitent le recrutement aux promoteurs des gènes cibles, de hBRM et BRG1 contenant toutes deux des bromodomaines susceptibles de se lier aux extrémités des histones acétylées (Agalioti et al., 2002). L'association aux HDAC dans un même complexe permet de réguler les histones mais peut aussi favoriser l'activité du complexe en maintenant hBRM dans un état déacétylé. A l'entrée en phase M, il y a une déprogrammation de la structure ouverte de la chromatine nécessaire à la condensation correcte des chromosomes. Les facteurs de transcription voient leur accessibilité à l'ADN diminuer et l'exclusion de ces facteurs ferait partie du mécanisme conduisant à l'arrêt de la transcription pendant la mitose. Le complexe SWI/SNF est inactivé avant la condensation des chromosomes en mitose puis, reciblé à la chromatine après la cytokinèse.

a1. Connection à Rb au cours de la transition G1/S

En 1994, un crible double hybride utilisant comme appât la protéine Rb face à une banque d'ADNs complémentaires de macrophages murins, a identifié BRG1 comme nouveau partenaire d'interaction de Rb (Dunaief et al., 1994). Des expériences de GST-pull down et de coimmunoprécipitations ont permis de valider cette interaction et d'identifier les domaines de chacune des protéines impliquées. La liaison se fait entre le domaine conservé « pocket » de Rb et une séquence LXCXE, présente en N-terminal de BRG1 et retrouvée dans les protéines cellulaires et virales connues interagissant avec la protéine Rb. BRG1 est également capable de se lier aux autres protéines de la famille des « pocket » protéines, p107 et p130 et se fixe préférentiellement à la forme active hypophosphorylée de Rb. Des expériences menées sur des cellules transformées avec des protéines virales E7 de HPV, E1a de l'adénovirus et l'antigène T de SV40 montrent une compétition de fixation à Rb entre ces protéines et BRG1. La réexpression ectopique de BRG1 dans les cellules SW13, déficientes pour BRG1 et hBRM, entraîne un arrêt du cycle et la formation de cellules aplaties, « flat », suggérant un état de senescence. Ce phénotype peut être inhibé par l'expression d'une forme mutée de BRG1 au niveau du domaine ATPase ou en présence de la protéine E1a qui séquestre Rb et toutes les pockets protéines. Les mêmes résultats ont été obtenus avec l'autre ATPase hBRM (Singh et al., 1995). Une autre étude utilisant des cellules déficientes pour les ATPases, SW13, C33A et PANC-1 montre qu'elles sont insensibles à la surexpression d'une forme constitutivement active de la protéine Rb (Rb non phosphorylable) ou de la protéine p16 (Strobeck et al., 2000). L'ensemble de ces données a permis de démontrer que le complexe SWI/SNF, via son activité ATPase, est impliqué dans le contrôle de la prolifération cellulaire par sa relation avec les protéines de la famille Rb.

Par la suite, de nombreux travaux ont permis d'étayer l'implication du complexe dans la régulation de la transition G1/S. Les équipes de Strober et Trouche ont démontré la présence *in vivo* d'un complexe tripartite formé de la protéine Rb, hBRM, et E2F1 (Strober et al., 1996; Trouche et al., 1997). Le complexe SWI/SNF jouerait donc un rôle de corépresseur de l'activité de E2F qui conduit à l'inhibition de ses gènes cibles régulant l'entrée en phase S. Une étude ultérieure s'est appliquée à montrer que l'arrêt du cycle médié par la protéine Rb nécessitait la présence d'une des ATPases BRG1 ou hBRM du complexe SWI/SNF pour inhiber la transcription d'un régulateur important de la phase G1, la cycline A, cible de E2F (Strobeck et al., 2000).

Comme je l'ai déjà mentionné dans le chapitre I.2b, le complexe cycline E/CDK2 est capable de phosphoryler BRG1 et BAF155 ce qui conduit à leur inactivation (Shanahan et al., 1999). Ainsi, la cycline E régule la fonction répressive de la prolifération cellulaire du complexe SWI/SNF.

La même année, un travail très intéressant propose un modèle précis (**fig.7**) de la régulation de la transition G1/S par les complexes Rb-HDAC-SWI/SNF et Rb-SWI/SNF (Zhang et al., 2000). Différentes études avaient montré que la protéine Rb est capable de recruter les HDAC et de se servir de leur activité de déacétylation pour réprimer ses gènes cibles (Brehm et al., 1998; Luo et al., 1998). L'équipe de Zhang a alors montré que la protéine Rb peut se complexer avec les HDAC et SWI/SNF pour inhiber la transcription de certains gènes cibles de E2F comme la cycline E (en phase G1), la cycline A n'étant inhibée que par l'association Rb-SWI/SNF (en début de phase S). La nécessité de l'association de la protéine Rb à l'activité de déacétylation portée par les HDAC a été confirmée par une étude plus récente (Siddiqui et al., 2003). L'inhibition de la transcription de la Topoisomérase II et de la Thymidilate synthase nécessite une activité de déacétylation mais la répression de la Cycline A, par exemple, est indépendante des HDAC et nécessite l'activité de remodelage du complexe SWI/SNF.

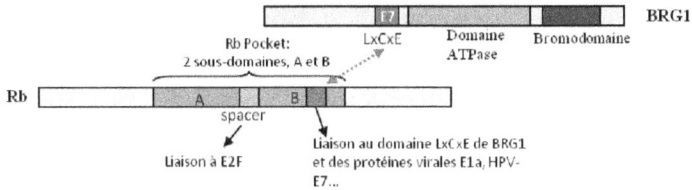

Fig. 7: Modèle d'action du complexe SWI/SNF associé à la protéine Rb et aux protéines HDAC dans la régulation du cycle cellulaire

Zhang et al. *Cell* 2000

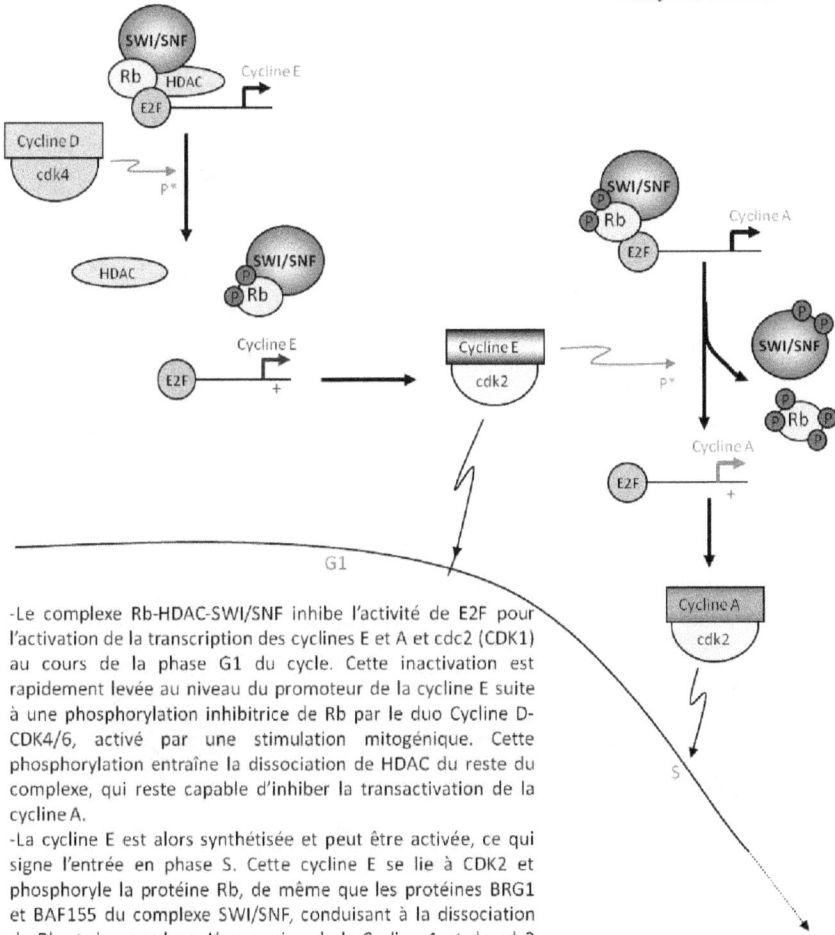

-Le complexe Rb-HDAC-SWI/SNF inhibe l'activité de E2F pour l'activation de la transcription des cyclines E et A et cdc2 (CDK1) au cours de la phase G1 du cycle. Cette inactivation est rapidement levée au niveau du promoteur de la cycline E suite à une phosphorylation inhibitrice de Rb par le duo Cycline D-CDK4/6, activé par une stimulation mitogénique. Cette phosphorylation entraîne la dissociation de HDAC du reste du complexe, qui reste capable d'inhiber la transactivation de la cycline A.

-La cycline E est alors synthétisée et peut être activée, ce qui signe l'entrée en phase S. Cette cycline E se lie à CDK2 et phosphoryle la protéine Rb, de même que les protéines BRG1 et BAF155 du complexe SWI/SNF, conduisant à la dissociation de Rb et du complexe. L'expression de la Cycline A et de cdc2 est alors possible, ce qui permet la progression dans le cycle.

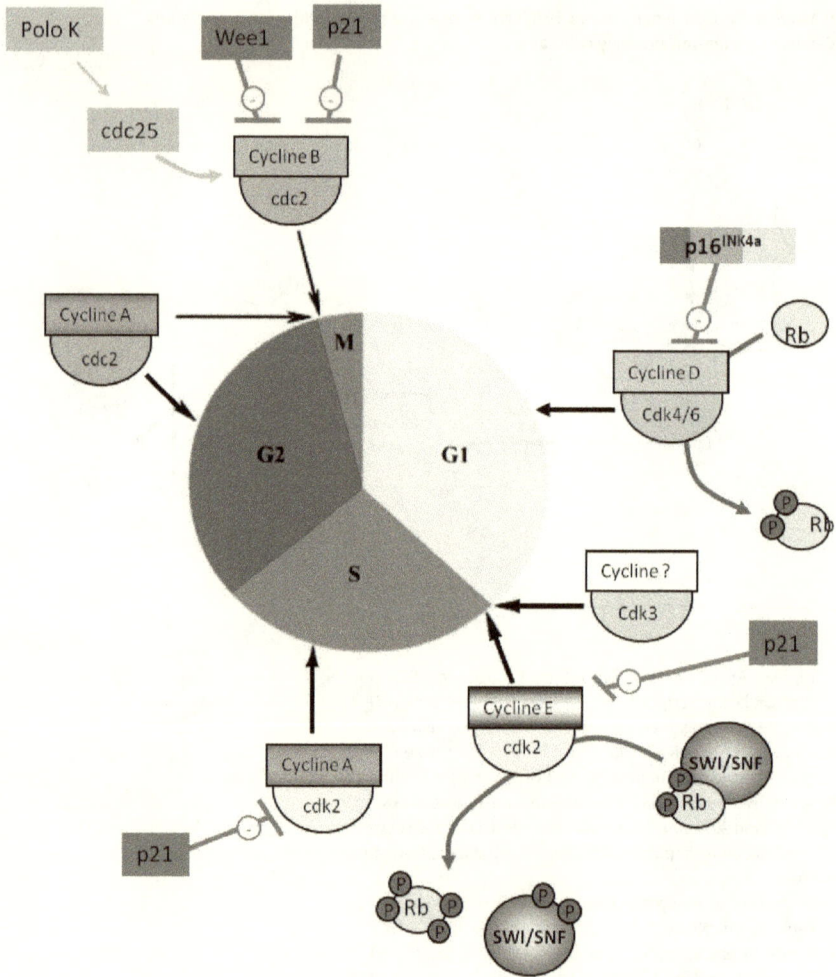

Fig. 8 : Représentation schématique du cycle cellulaire régulé par les différentes associations des cyclines aux CDK, régulant également l'activité du complexe SWI/SNF

Le modèle de Zhang comporte toutefois des failles. En effet, les auteurs notent que les cellules C33A, déficientes pour BRG1 et hBRM, s'arrêtent en phase S lors de la réexpression ectopique de l'une de ces ATPases, et non en phase G1 comme le suggère le modèle proposé. La protéine p16^{ink4a} qui joue un rôle direct dans l'activité des inhibiteurs de CDK, les protéines p21 et p27, n'est pas en cause car indétectable. Toutefois, les protéines p21 et p27 sont supposées être séquestrées par le couple Cycline E-CDK2 et seraient alors incapables d'inhiber le complexe Cycline D-CDK4/6. Ce complexe toujours actif va alors dissocier le complexe HDAC-Rb-SWI/SNF et permettre l'entrée en phase S. Le couple Cycline E-CDK2, principalement occupé à inhiber les protéines p21 et p27, ne peut donc agir sur les protéines BRG1 et Rb. Ces protéines surexprimées, donc présentes en grande quantité, vont alors maintenir la répression de l'expression de la Cycline A et de cdc2, expliquant le blocage des cellules en phase S. Ce modèle suggère donc une phosphorylation séquentielle de la protéine Rb et des membres du complexe SWI/SNF selon une régulation temporelle très stricte conduisant au bon déroulement des phases G1 et S du cycle cellulaire.

Les derniers travaux de l'équipe de Kang confirment que les complexes SWI/SNF contenant l'ATPase BRG1 régulent la prolifération cellulaire et la sénescence en modulant la voie Rb dans un autre système d'étude (Kang et al., 2004). Les expériences menées ont conduit à l'élaboration du modèle présenté sur la **figure 9**.

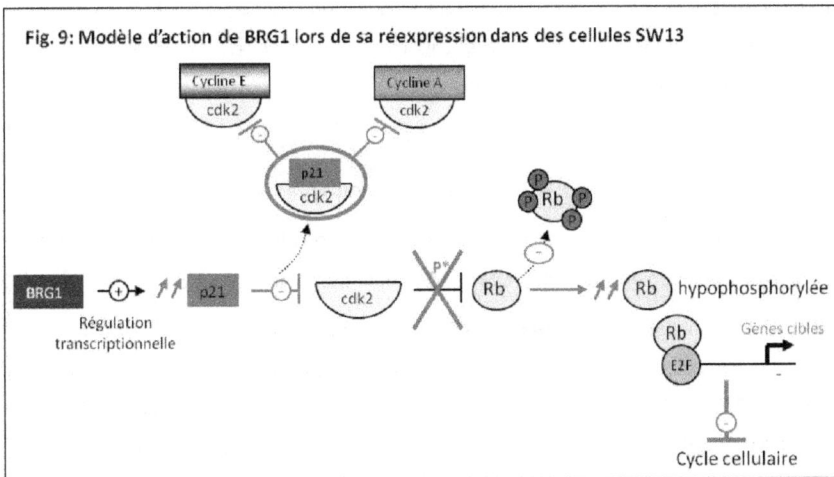

Fig. 9: Modèle d'action de BRG1 lors de sa réexpression dans des cellules SW13

La diminution de INI1 par des expériences d'interférence à l'ARN dans des cellules Hela ou dans une lignée de fibroblastes humains, MG63, entraîne une chute de l'expression de la protéine p21, tandis que l'expression de p16^{ink4a} reste constante. Des expériences d'immunoprécipitation de la chromatine et de transactivation dans des cellules SW13, montrent que BRG1 est capable de se lier au promoteur de *p21* et d'activer sa transcription. Les cellules « flat » observées reflétant la sénescence sont donc associées à la voie p21 plutôt qu'à la voie p16 lors de la réexpression de BRG1. La proportion de p21 fixée à CDK2 augmente et entraîne l'inhibition des complexes formés de cette kinase, tels que Cycline E-CDK2 responsable d'une phosphorylation inhibitrice de Rb en phase S. En parallèle, la proportion de p21 fixée à CDK4 est fortement diminuée et est imputable à la diminution de l'expression de la Cycline D1 observée. Le complexe Cycline D1-CDK4, normalement stabilisé par l'association à p21 diminue ce qui provoque une chute de la phosphorylation de la protéine Rb. En revanche, la surexpression de la p21 induite par BRG1 entraîne une accumulation de Rb sous sa forme hypophosphorylée et donc active vis-à-vis de l'inhibition de la transcription des gènes cibles de E2F tels que chk1, CDK2, les Cyclines D1, E et A, et p107. Une forte activation de la transcription de p21 est nécessaire à l'arrêt du cycle et à la sénescence puisque l'interférence ARN contre p21 réverse ce phénotype. De manière fort intéressante, les auteurs montrent qu'un mutant de BRG1, incapable de lier la protéine Rb, conserve la capacité d'induction de p21 et d'activation de Rb. Dans ce système, l'activation de p21 est donc indépendante de l'association BRG1-Rb.

Les processus tumoraux nécessitent une dérégulation du cycle cellulaire qui passe par l'inactivation des fonctions de la protéine Rb via différents mécanismes. Nous avons vu ici que l'activité du complexe SWI/SNF était nécessaire à l'arrêt du cycle médié par Rb. L'inactivation d'un des éléments du complexe pourrait donc être un mécanisme pour favoriser la prolifération cellulaire et participer au développement tumoral.

a2. Complexe RSC et ségrégation chromosomique

Le complexe RSC, homologue de *S.cerevisiae* du complexe PBAF, est également impliqué dans la régulation du cycle cellulaire en particulier lors de la phase M.

J'ai déjà mentionné que le complexe RSC, contrairement au complexe SWI/SNF, est nécessaire à la viabilité cellulaire dans la mesure où l'inactivation de certains de ses membres, tels que Sth1, Sfh1, Rsc6 et Rsc8 entraîne une létalité (Cairns et al., 1996b; Cao et al., 1997; Du et al., 1998). L'utilisation de mutants thermosensibles ayant une perte de fonction pour l'un de ces gènes, notamment pour *SFH1* et *STH1,* a montré que les cellules s'arrêtaient en G2/M. L'équipe de Hsu a montré que le complexe RSC interagissait avec des composants des kinétochores et qu'il jouerait un rôle essentiel lors de la séparation des chromosomes mitotiques (Hsu et al., 2003). De même, l'homologue humain du complexe RSC, le complexe SWI/SNF-B ou PBAF se localise au niveau des kinétochores (Xue et al., 2000). De plus, ce complexe est important pour faciliter la liaison des cohésines aux bras chromosomiques permettant ainsi une cohésion entre les chromatides sœurs et une bonne régulation de la ségrégation chromosomique (Baetz et al., 2004; Huang et al., 2004). L'ensemble de ces données suggère un rôle important du complexe RSC lors de la ségrégation des chromosomes, probablement au niveau du maintien de la structure de la chromatine lors de la mitose.

b. SWI/SNF et transcription

Différentes expériences de transactivation de promoteurs ont montré qu'aucune des sous-unités, composées pourtant de domaine de liaison à l'ADN, n'était capable de se lier directement à des séquences spécifiques de l'ADN. Les différentes équipes travaillant sur la régulation de la trancription par le complexe SWI/SNF ont longtemps pensé que celui-ci s'associait donc de manière non spécifique à l'ADN et avait une action générale sur la transcription. Cependant, ce complexe n'est pas un régulateur général de la transcription comme le montrent des études chez la levure et chez les mammifères, mais semble spécifique d'un certain nombre de gènes. Différentes études ont ensuite montré que SWI/SNF avait besoin de cofacteurs spécifiques, activateurs ou répresseurs, pour cibler son interaction à certaines régions de l'ADN. La mise en évidence de ces gènes cibles se fait progressivement.

b1. Chez S.cerevisiae

Différents tests d'activation transcriptionnelle *in vivo* ont été menés avec des protéines de fusion entre le domaine de liaison à l'ADN de LexA et les différentes protéines SWI et SNF. Ces différentes fusions se sont avérées capables d'activer un gène rapporteur sous le contrôle d'un promoteur contenant l'opérateur LexA. De plus, l'activation par l'une ou l'autre des protéines nécessitait la présence des autres (Laurent et al., 1993; Laurent et al., 1990; Estruch and Carlson, 1990). Par exemple, l'activation par LexA-*SWI2* dépend de *SNF5*, *SNF6* et *SWI1*, tout comme l'activation par LexA-*SNF5* dépend de *SWI2*.

D'autre part, des expériences ont montré que les protéines SWI1, SWI2 et SWI3 pouvaient potentialiser l'activation de la transcription médiée par le récepteur aux glucocorticoïdes (GR) de rat transfecté dans différentes souches de levure. Cet effet passe par l'interaction directe entre SWI3 et GR sous la dépendance de SWI1 et SWI2 (Yoshinaga et al., 1992). Ces premières données suggèrent une interdépendance des protéines entre elles pour leur activité de régulateurs transcriptionnels.

Sudarsanam et ses collaborateurs ont mené une étude du « transcriptome » chez des levures sauvages ou mutées pour le gène *SNF2* (Sudarsanam et al., 2000). Cette étude a montré que 3 à 6% des gènes de levure sont régulés par le complexe SWI/SNF qui, par ailleurs, n'est pas très abondant dans les cellules (100 à 200 molécules par cellule haploïde). Certains gènes sont activés, d'autres réprimés, montrant une fonction activatrice mais aussi répressive de SWI/SNF sur la transcription. Ainsi, SWI/SNF n'aurait pas un rôle de régulateur global de la transcription, mais régulerait plutôt spécifiquement certains gènes. Deux modèles d'action ont été envisagés. SWI/SNF peut modifier la structure et/ou le positionnement des nucléosomes au niveau des promoteurs de ses gènes cibles uniquement, facilitant ou restreignant localement l'accès de cofacteurs. Le complexe SWI/SNF peut également décondenser la chromatine de façon moins spécifique permettant ainsi l'accès d'activateurs ou de répresseurs de la transcription. Ces modèles n'étant pas exclusifs, on peut envisager une action au cas par cas.

Je propose de présenter ici les cibles principales du complexe SWI/SNF décrites chez la levure :

- *HO* et *SUC2* dont les mutations réversées par les mutants *snf* et *swi* ont conduit à l'identification du complexe,

- les éléments Ty, rétrotransposons de levure

- les gènes *GAL* et *ADH* indispensables à la croissance sur milieu contenant des sucres non fermentables.

Régulation du gène HO : Le gène *HO* (HOmothallic switching) code une endonucléase dont l'activité est nécessaire au changement du type sexuel (Mating-type switching) des haploïdes. La régulation de ce gène est parfaitement orchestrée par un ensemble de facteurs et de régulateurs liant (ou pas) spécifiquement l'ADN et dont le recrutement a lieu de façon séquentielle pour aboutir à l'expression de *HO* en fin de phase G1 du cycle cellulaire. Ces facteurs sont essentiellement des enzymes de modifications covalentes des histones et des protéines de remodelage de la chromatine. Ainsi, pendant l'anaphase, SWI5, facteur de transcription à doigt de zinc, se fixe au promoteur de *HO* et recrute le complexe SWI/SNF pour son activité de remodelage de la chromatine. SWI5 permet également la fixation de Gal11 qui, lui, recrutera le « médiator », composant du complexe holoenzyme de la RNA polymérase II (Bhoite et al., 2001). Le « médiator » est un complexe de 20 protéines qui fonctionne comme interface entre les séquences spécifiques des facteurs de transcription et l'appareillage des facteurs généraux de transcription. SWI5 sera ensuite dégradé car instable et le complexe SWI/SNF permettra alors le recrutement du complexe SAGA via un de ses membres, l'histone acetyltransferase Gcn5. L'acétylation des nucléosomes sur près de 1kb en amont du site d'initiation de *HO*, facilite l'accès des activateurs SWI4 et SWI6. L'activation ultime de la transcription de *HO* a lieu lors du recrutement du complexe de pré-initiation de la transcription de la RNA polymérase II. Puis, pour finir, le complexe des déacétylases SIN3/RPD3 permettra de revenir à un taux de base de l'acétylation du promoteur de *HO* pour entamer le prochain cycle cellulaire et optimisera la répression médiée par le facteur Ash1 au locus *HO* dans la cellule fille (Cosma et al., 2001; Krebs et al., 1999).

- *Régulation du gène SUC2* : Le gène *SUC2* code l'invertase soumise à la répression catabolique exercée par le glucose (**fig. 10a**). La transcription de ce gène aboutit à 2 ARN codant deux isoformes (**fig.10b**):

    - une forme intracellulaire, non glycosylée, produite de manière constitutive à un taux faible et dont le rôle n'a pas encore été identifié (ARN de 1,8 kb)

    - une forme glycosylée, sécrétée dans l'espace périplasmique (ARN de 1,9 kb). Cette forme sécrétée est la forme active de l'invertase capable d'hydrolyser le sucrose en ses 2 composants, glucose et fructose.

En absence de glucose, le complexe SWI/SNF est nécessaire au remodelage de la chromatine permettant l'activation de la transcription de *SUC2*. SWI/SNF permettrait de déplacer les protéines HTT1 et HTT2 homologues des histones H2A et H2B (Hirschhorn et al., 1992) ainsi que SIN1 (protéine du type HMG1) et SIN2 (histone H3) (Kruger and Herskowitz, 1991) qui inhibent constitutivement la transcription de *SUC2*. Les mutations de ces différents gènes suppriment l'effet de l'inactivation des gènes *SWI* ou *SNF*. De plus, des expériences de digestion de la chromatine par des endonucléases montrent que le complexe SWI/SNF est nécessaire à la décondensation de la chromatine au niveau du promoteur du gène *SUC2*. Cette activité de remodelage de la chromatine au niveau du promoteur de *SUC2* est soutenue par l'activité histone acetyltransferase portée par le facteur Gcn5 (Sudarsanam et al., 1999).

Fig. 10a : Régulation par SWI/SNF de la transcription du gène SUC2 de l'Invertase, soumis à la répression exercée par le glucose

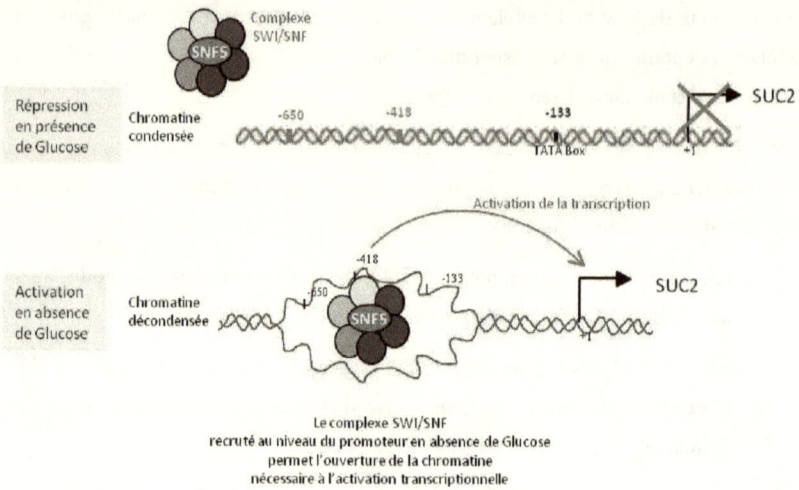

Le complexe SWI/SNF
recruté au niveau du promoteur en absence de Glucose
permet l'ouverture de la chromatine
nécessaire à l'activation transcriptionnelle

Fig. 10b : Modèle pour la synthèse et la régulation du gène SUC2 de l'Invertase

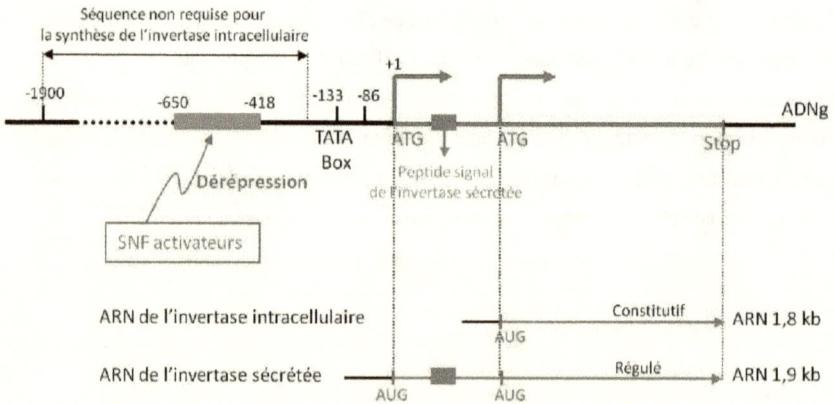

- *Régulation des éléments Ty :* Les éléments Ty de *S.cerevisiae* appartiennent à la famille des transposons. Leur mode de réplication et de transposition ressemblant à celui des rétrovirus de mammifères, ils sont également appelés rétrotransposons. Leur insertion au sein du génome peut se faire dans la région 5' non codante d'un gène qui verra alors son expression modifiée au niveau transcriptionnel. Différents gènes cellulaires nécessaires à la régulation des éléments Ty ont été identifiés chez *S.cerevisiae*, par la recherche de suppresseurs de Ty dont l'inactivation permet de restaurer la transcription du gène adjacent à l'insertion de Ty. Ces différents gènes, les *SPT*, pour suppressor of Ty (Winston et al., 1987; Winston et al., 1984) ont été classés en fonction de leur rôle vis-à-vis de la régulation des éléments Ty. L'un de ces gènes, *SPT6*, initialement identifié par sa mutation qui réverse le phénotype associé à l'insertion d'un élément Ty (Winston et al., 1984), est identique à *SSN20* (Suppressor of *snf*) impliqué dans la régulation de *SUC2* puisque son inactivation supprime le phénotype associé aux mutations des gènes *SWI2/SNF2, SNF5* et *SNF6* (Neigeborn et al., 1986). *SPT6* est identique à *CRE2* mis en évidence par sa perte de fonction qui lève la répression exercée par le glucose sur le promoteur de *ADH2*. Dans la mesure où la mutation de *spt6* supprime les mutations liées à l'insertion de Ty ainsi que celles des gènes *swi2/snf2, snf5* et *snf6*, il était légitime de rechercher une implication de ces gènes *SNF* dans la régulation de la transcription de Ty et des gènes soumis au contrôle de Ty après son insertion. L'étude de mutants *snf* a montré que *SWI2/SNF2, SNF5* et *SNF6* sont nécessaires à la transcription des gènes *Ty1* et *Ty2* mais ne sont pas impliqués dans la régulation de l'insertion de Ty dans le génome (Happel et al., 1991). Un modèle proposé suppose une activité répressive de SPT6 vis-à-vis de la chromatine, contrecarrée par les protéines SWI2/SNF2, SNF5 et SNF6 lors de l'activation de la transcription.

- *Régulation des gènes Gal1 et Gal4 et des gènes ADH1 et ADH2*

Les mutants *swi* et *snf* sont incapables d'exprimer les gènes codant l'alcohol déhydrogénase (ADH) et des gènes de régulation du métabolisme du galactose, tels que *Gal1, Gal4* et *Gal10*. Les gènes codant l'ADH, *ADH1* et *ADH2* sont soumis à la répression exercée par le glucose. Leur expression est donc déréprimée lors de la croissance sur milieu contenant des sources de carbone non fermentables. L'ADH permet ainsi l'utilisation de l'éthanol et de l'acétaldéhyde dans les voies de néoglucogénèse. Différents facteurs de régulation agissent de concert pour la régulation de ces gènes, tels que les sous-unités SWI/SNF qui semblent indispensables, mais également les facteurs ADR (Alcohol Dehydrogenase regulators) identifiés par leurs mutations qui empêchent la dérepression en absence de glucose. Il est intéressant de rappeler que SWI1 et ADR6 désignent la même protéine (Peterson and Herskowitz, 1992; Taguchi and

38

Young, 1987a; Taguchi and Young, 1987b). La régulation des gènes du métabolisme du galactose fait intervenir un régulateur positif de la transcription globale chez *S.cerevisiae* appelé HPR1, dont la fonction est associée aux protéines SWI et SNF (Zhu et al., 1995).

b2. Chez les mammifères

- *Régulation de la transcription des gènes cibles des récepteurs nucléaires :* Les récepteurs nucléaires appartiennent à une large famille de protéines régulant l'activité de gènes cibles suite à la fixation de leurs ligands hormonaux et de leur activation. Ces récepteurs se fixent à des éléments de réponse (RE) spécifiques présents dans les promoteurs des gènes cibles, et nécessitent pour cela un remodelage local de la chromatine. L'activation de la transcription aboutit à la régulation de différents processus cellulaires comme la prolifération, le développement, le métabolisme. Différentes études ont montré que la simple liaison du complexe hormone-récepteur à ses RE près d'un nucléosome, ne suffit pas au déplacement de ce nucléosome mais nécessite une activité de remodelage (Perlmann and Wrange, 1988; Pham et al., 1992a; Pham et al., 1992b).

Les premières expériences montrant une coopération entre le complexe SWI/SNF et un récepteur nucléaire, remontent à 1992, où l'équipe de Yoshinaga a montré une interdépendance entre le récepteur aux glucocorticoïdes (GR) et les protéines SWI1, SWI2 et SWI3 (Yoshinaga et al., 1992). Chez l'homme, la réexpression de hBRM ou de BRG1 dans des lignées déficientes potentialise l'activation transcriptionnelle médiée par le GR (Muchardt and Yaniv, 1993), le récepteur à l'acide rétinoïque et le récepteur aux oestrogènes (Chiba et al., 1994). Ces coopérations nécessitent des interactions entre les récepteurs nucléaires et les sous-unités du complexe SWI/SNF. Ainsi, le GR interagit spécifiquement avec BAF60a (Hsiao et al., 2003), BAF57 (Hsiao et al., 2002) et BAF250 (Nie et al., 2000) mais pas avec les membres du core complexe, BRG1, BAF155 et BAF170. Le récepteur aux oestrogènes nécessite lui, une liaison à l'ATPase BRG1 pour l'activation de ses gènes cibles (Ichinose et al., 1997).

- *Collaboration SWI/SNF-STAT2 : régulation des gènes cibles de IFNγ.* L'interféron γ (IFNγ) active de nombreuses voies cellulaires qui aboutissent en particulier à l'inhibition de la prolifération cellulaire et au contrôle de l'apoptose, réprimant ainsi le développement tumoral et l'infection virale. La voie de IFNγ fait intervenir les protéines JAK (Janus Kinase) et les facteurs de transcription STAT1 ou STAT2, qui, sous forme active dimérisée se lient à leurs promoteurs cibles et activent leur transcription.

L'analyse de l'expression des gènes cibles de IFNγ dans des cellules Hela, comparée à celle des cellules SW13, déficientes pour BRG1, montre un défaut de remodelage au niveau de ces cibles dans les cellules SW13 (Liu et al., 2002). L'activation des facteurs STAT a bien lieu mais la voie est bloquée pour l'activation transcriptionnelle. La surexpression ectopique de BRG1 rétablit un remodelage efficace par le complexe SWI/SNF et réactive les gènes cibles. L'activité du complexe SWI/SNF est donc nécessaire à la réponse transcriptionnelle liée à l'IFNγ. Le travail de Huang et collaborateurs explique en partie cette dépendance : par son domaine N-terminal, le facteur STAT2 interagit avec BRG1, directement dans le noyau des cellules (Huang et al., 2002). La fixation de BRG1 à STAT2 est renforcée par une stimulation par IFNγ. BRG1 module toutefois, sélectivement, l'expression de certains gènes cibles de IFNγ, ce qui indique que la régulation des autres gènes par STAT2 devrait nécessiter des modificateurs de la chromatine différents.

- *Régulation du gène c-fos :* La régulation du proto-oncogène *c-fos* par le complexe SWI/SNF est très controversée. Une première étude, en 1999, a montré que dans des cellules déficientes pour BRG1, telles que C33A ou SW13, *c-fos* est constitutivement exprimé sauf dans le cas d'une expression ectopique de BRG1 et un contexte où la protéine Rb est fonctionnelle. La transcription du gène *c-fos* est directement réprimée par BRG1 couplée à la protéine Rb mais de manière E2F indépendante (Murphy et al., 1999). Cette répression nécessiterait les sites de fixation de ATF/CREB et serait sensible à l'acétylation du promoteur. L'utilisation d'un dominant négatif de E2F ne modifie pas l'expression de *c-fos*. En réalité, il est fort probable que la répression observée du proto-oncogène soit en fait une conséquence de l'arrêt du cycle cellulaire consécutif à la surexpression de BRG1.

Une étude plus récente a montré que la sous-unité BAF60a se lie spécifiquement aux facteurs c-Jun/c-Fos (facteur AP-1) et recrute ainsi le complexe SWI/SNF (Ito et al., 2001). Cette liaison optimise l'activité transcriptionnelle de l'hétérodimère.

Pour conclure, le complexe SWI/SNF réprimerait la transcription du gène *c-fos* lors de la réexpression de BRG1 et interagirait avec le facteur de transcription pour potentialiser son activité.

- *Régulation du gène hsp70 :* L'utilisation des dominants négatifs des ATPases BRG1 et hBRM, capables de se lier au complexe mais ne présentant aucune activité ATPasique, a permis à l'équipe d'Imbalzano d'exposer des expériences intéressantes concernant les gènes de réponse au stress nécessitant le complexe SWI/SNF pour leur activation (Varga-Weisz et al., 1997). C'est le cas du gène *hsp70*, dont l'expression est inductible par différents stress cellulaires, ce qui permet de comparer l'activation d'un même gène par différents inducteurs.

Ainsi, l'activation de la transcription de *hsp70* dépend du recrutement du complexe SWI/SNF fonctionnel, dans le cas d'un stress cellulaire lié au traitement par des métaux lourds comme le cadmium et l'arsenic mais pas lors d'un choc thermique (de La Serna et al., 2000). Ces résultats montrent donc que pour l'activation de la transcription de *hsp70*, la dépendance vis-à-vis du complexe SWI/SNF est fonction du stress.

- *Régulation du locus de la β-globine :* Les travaux réalisés sur l'étude du locus de la β-*globine* me semblent être une bonne illustration du rôle de SWI/SNF dans la régulation de la transcription.

Le locus de la β -*globine* est composé de 5 gènes disposés dans leur ordre d'expression au cours du développement, soumis au contrôle d'une région enhancer, LCR (**fig.11**). L'expression de ces 5 gènes est contrôlée par des « switch » au cours du développement. Pendant la période embryonnaire, seul le gène ε est exprimé. Au cours de phases précoces de la vie fœtale le premier « switch » survient et permet l'activation des 2 gènes γ (G γ et A γ). Puis, juste après la naissance, le deuxième « switch » permet l'expression des gènes adultes,δ et β (Bank et al., 1980; Orkin, 1995). Différents facteurs de transcription spécifiques de la lignée érythroïde se fixent à ce locus, tels que GATA-1, NF-E2 et EKLF (Erythroid Krüppel Like Factor) qui est plus spécifique du locus de la β-*globine* adulte.

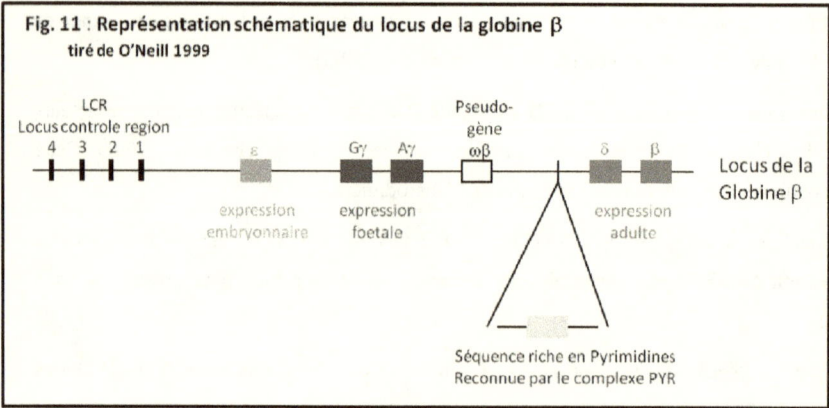

Fig. 11 : Représentation schématique du locus de la globine β
tiré de O'Neill 1999

Différents travaux ont conduit à l'identification de deux types de complexes SWI/SNF associés au locus de la β-*globine*. Le premier complexe SWI/SNF nécessaire au remodelage du locus de la β-*globine* est le complexe E-RC1, pour **E**KLF coactivator **R**emodeling **C**omplex 1 (Armstrong et al., 1998). Ce complexe est recruté via le facteur EKLF capable d'interagir spécifiquement avec les sous-unités BRG1 et BAF155 du complexe SWI/SNF, sous-unités nécessaires et suffisantes pour le remodelage et l'activation de la transcription médiée par EKLF *in vitro* (Kadam et al., 2000).

Un deuxième type de complexe SWI/SNF a été identifié par sa capacité à lier le locus de la β-*globine* au niveau d'une séquence riche en pyrimidines située en 5' des gènes adultes, δ et β. Ce complexe PYR contient les sous-unités BAF57, BAF60a, BAF170 et INI1 du complexe SWI/SNF. Il contient également des composants du complexe NuRD (un autre complexe de remodelage de la chromatine) tels que Mi-2 (CHD4) et HDAC2 et une protéine contenant un doigt de zinc, régulateur des cellules hématopoïétiques, Ikaros, dont le domaine de liaison à l'ADN cible spécifiquement le complexe (O'Neill et al., 1999; O'Neill et al., 2000). Le complexe PYR facilite le « switch » de la β-globine de la forme fœtale à la forme adulte, en remodelant la région environnant le locus « adulte » pour permettre la liaison de facteurs de transcription spécifiques.

Ce modèle montre une composition spécifique des complexes SWI/SNF en fonction de la régulation dans laquelle ils interviennent et de la protéine qui les recrute.

- *Autres cibles transcriptionnelles :* Le complexe SWI/SNF régule d'autres gènes impliqués dans des fonctions diverses. L'activité ATPasique de BRG1 est nécessaire à l'activation du promoteur de *CSF1* (Colony Stimulating Factor 1), facteur important pour la régulation de la prolifération, la différenciation et la survie des macrophages, également impliqué dans les processus de progression tumorale et de métastase (Liu et al., 2001). BRG1 est également recruté sur le promoteur du *GM-CSF* (Granulocyte/Macrophage colony-stimulating factor) de manière NF-kB dépendante (Holloway et al., 2003).

De même, le complexe SWI/SNF est recruté via le facteur CBP au niveau du promoteur de l'*IFN* recrutement favorisé par les extrémités acétylées des histones des nucléosomes présents dans la région. Le complexe peut alors remodeler la structure chromatinienne locale et permettre le recrutement des différents facteurs de préinitiation et d'initiation de la transcription (Agalioti et al., 2000; Dilworth and Chambon, 2001).

Une récente étude a montré un recrutement différentiel des ATPases hBRM et BRG1 sur le promoteur du gène de l'érythropoïétine (EPO) après induction à l'hypoxie (Wang et al., 2004). Des expériences d'ARN interférence ont montré que les deux protéines étaient capables de compenser la déficience de l'autre pour l'activation transcriptionnelle de l'EPO.

c. SWI/SNF, cofacteur de la différenciation cellulaire

Par sa coopération avec des facteurs de différenciation spécifiques de certains lignages cellulaires, le complexe SWI/SNF est impliqué dans plusieurs voies de différenciation.

• La différenciation musculaire est contrôlée par une famille de facteurs de transcription contenant un domaine basique hélice-boucle-hélice (bHLH). Ces différents facteurs, MyoD, Myf5, MRF4 et la myogénine, suffisent, quand ils sont exprimés de manière ectopique dans des cellules non musculaires, à induire leur reprogrammation et leur différenciation en muscle. L'utilisation de dominants négatifs des ATPases hBRM et BRG1 (de la Serna et al., 2001) a montré l'implication du complexe dans l'activation de gènes spécifiques de la différenciation musculaire tels que la myogénine, la troponine T, l'actine, la desmine et la chaîne lourde de la myosine. Le facteur de transcription MyoD est requis pour l'activation de ces gènes, mais celui-ci nécessite, pour son action, un remodelage chromatinien des promoteurs de ses gènes cibles. De plus, la différenciation musculaire est étroitement associée à un arrêt du cycle cellulaire, qui permettra une entrée en phase G0 nécessaire à la reprogrammation de l'expression génique de la cellule. MyoD, qui induit directement le blocage des cellules en phase G1/G0, active l'expression de l'inhibiteur des CDK, p21 et celle de la cycline D3 spécifique de cette différenciation. Parallèlement, MyoD induit l'expression de Rb qui activera un cofacteur essentiel, MEF2 (Myocyte enhancer 2) mais également l'arrêt du cycle via son interaction avec BRG1. Les mêmes résultats ont été obtenus avec les autres membres de la famille des bHLH, Myf5 et MRF4 qui sont capables d'induire l'arrêt du cycle cellulaire mais pas la différenciation musculaire dans un contexte ATPases BRG1 et hBRM dominant négatif (Roy et al., 2002). Ainsi, l'activité du complexe SWI/SNF est essentielle à l'induction des gènes nécessaires à la différenciation musculaire mais l'induction des facteurs contrôlant la coordination de l'arrêt du cycle est SWI/SNF indépendante (**fig.12**).

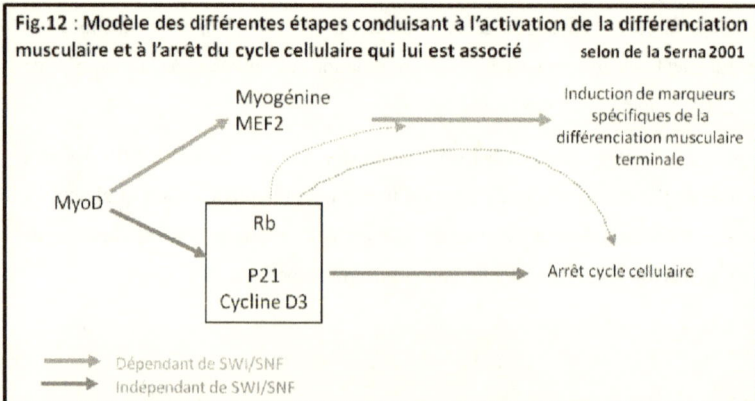

Fig.12 : Modèle des différentes étapes conduisant à l'activation de la différenciation musculaire et à l'arrêt du cycle cellulaire qui lui est associé   selon de la Serna 2001

• Une implication du complexe SWI/SNF dans la <u>différencitation myéloïde</u> a également été montrée. Les facteurs C/EBP (CCAAT/Enhancer Binding Protein) appartiennent à la famille des facteurs de transcription contenant un domaine basique, Leucine Zipper. Différentes isoformes ont été décrites et sont impliquées dans la différenciation de différents lignages cellulaires. Dans la lignée myéloïde, C/EBPα coopère avec l'oncoprotéine c-Myb pour activer les gènes spécifiques de cette lignée cellulaire, tel *mim1* (*myeloid protein 1*). L'ATPase hBRM est capable de se lier à C/EBPα par son domaine N-terminal CR1, compris dans le domaine de transactivation et essentiel à l'activation de *mim1* (Kowenz-Leutz and Leutz, 1999). Cette interaction permet le recrutement du complexe SWI/SNF sur les gènes spécifiquement activés pour la différenciation de ce lignage cellulaire.

• Enfin, le complexe SWI/SNF serait recruté pour la <u>différenciation adipocytaire</u> : le facteur C/EBPα est capable d'interagir avec le complexe via son domaine central TEIII (Pedersen et al., 2001), nécessaire à l'activation de la transcription de gènes impliqués dans la différenciation adipocytaire tels que PPARγ.

d. Régulation de la réparation

De manière fort intéressante, le complexe SWI/SNF n'est pas uniquement impliqué dans la régulation de la transcription et de la différenciation cellulaire. Différentes études relient ce complexe à des voies de la réparation de dommages de l'ADN.

Le coactivateur transcriptionnel BRCA1 (BReast CAncer 1) occupe un rôle central dans la réparation de l'ADN en facilitant la réponse à l'induction de dommages de l'ADN, notamment en induisant la transcription dépendante de p53, comme celle de p21 (MacLachlan et al., 2000). La purification de complexes contenant BRCA1, à partir d'extraits nucléaires de cellules Hela, a montré l'intégration de cette protéine dans un complexe de 2MDa (Bochar et al., 2000), contenant plusieurs sous-unités du complexe SWI/SNF, telles que BRG1, BAF60b, INI1, BAF155 et BAF170 (Bochar et al., 2000). Ainsi les complexes BRCA1-SWI/SNF représentent la forme complexée prédominante de BRCA1 dans les extraits nucléaires de cellules Hela. La surexpression d'une forme mutée au niveau du domaine ATPase de BRG1, ayant un effet dominant négatif, inhibe la coactivation de la transcription dépendante de p53 et médiée par BRCA1 sur des promoteurs chimériques et endogènes. Ce résultat montre que la fonction directe de BRCA1 dans le contrôle de la transcription passe par le remodelage de la structure chromatinienne via son interaction avec le complexe SWI/SNF, requis pour l'activation des gènes cibles de p53. Toutefois, dans un système exprimant la forme dominant-négatif de BRG1, toujours capable d'interagir avec BRCA1, les tests d'intégration d'un gène rapporteur par recombinaison homologue sont concluants, montrant que ce processus n'est pas affecté par la présence d'un complexe SWI/SNF non fonctionnel (Hill et al., 2004). Le complexe SWI/SNF participerait donc aux différents processus de réparation et de régulation de la transcription médiés par BRCA1 mais ne serait pas indispensable.

D'autre part, la régulation directe de l'expression de BRCA1 est contrôlée par le complexe SWI/SNF capable de s'associer *in vitro* et *in vivo* au facteur de transcription Ets-2 pour réprimer l'activité du promoteur de BRCA1. Ets-2 non phosphorylé se fixe spécifiquement aux complexes contenant l'ATPase BRG1 qui jouent alors un rôle de répresseurs de la transcription de BRCA1 (Baker et al., 2003).

SWI/SNF jouerait également un rôle dans la recombinaison homologue puisque des mutants dominants négatifs des ATPases inhibent ce processus (Hill et al., 2004). De même une interaction a été retrouvée entre BRG1 et FANCA, la protéine mutée dans l'Anémie de Fanconi (Otsuki et al., 2001). Cette interaction permettrait d'orienter cette protéine sur ses gènes cibles mais jouerait également un rôle dans la réparation de l'ADN. Dans la même série, la sous-unité BAF53 a été retrouvée associée au complexe Tip60/NuA4 histone acétyltransferase, impliqué dans la réponse cellulaire suite à une cassure double brin de l'ADN (Ikura et al., 2000).

Pour finir, les dernières études concernant la fonction du complexe RSC, homologue du complexe PBAF, lui confèrent un rôle essentiel au cours de la réparation de cassures d'ADN double brin (Chai et al., 2005).

Ainsi différentes études ont permis, ces dernières années, de relier l'activité de remodelage du complexe SWI/SNF à des processus cellulaires tels que la transcription, la différenciation cellulaire et la réparation de l'ADN, mais aussi la réplication et la ségrégation chromosomique avec localisation du complexe PBAF aux kinétochores. En fonction des cofacteurs auxquels il se fixe, le complexe SWI/SNF peut tour à tour être activateur ou répresseur de ces différents processus. Le complexe n'est donc pas un facteur de régulation général et de nombreux gènes et voies métaboliques soumis à son contrôle restent encore à découvrir.

3. Etude fonctionnelle de la sous-unité INI1 humaine

L'inactivation du gène codant INI1 induit la formation de tumeurs, tant chez l'homme que dans les modèles murins. Je détaillerai plus précisément ces modèles ainsi que les tumeurs associées à la perte de fonction de INI1 dans les chapitres suivants mais je tenais, dans ce paragraphe dédié aux fonctions du complexe SWI/SNF, à réserver une place particulière à l'étude de la fonction de cette sous-unité particulière qu'est INI1. L'étude des fonctions de INI1 s'est faite sous deux approches, la recherche de partenaires d'interaction et l'analyse des conséquences de sa réexpression dans des cellules déficientes issues de tumeurs.

a. Partenaires d'interaction actuellement connus

a1. Protéines virales

• Intégrase du VIH-1

INI1 a été initialement identifiée comme partenaire cellulaire de l'integrase du VIH-1 (Kalpana et al., 1994) lors d'un crible double hybride. Cette interaction spécifique et fonctionnellement significative se ferait via le domaine Rpt1 de INI1 et favoriserait l'accès de l'ADN rétroviral au noyau de la cellule hôte. De par son implication dans le remodelage de la chromatine, via le complexe SWI/SNF, INI1 pourrait alors cibler la machinerie de l'intégration virale sur les régions ouvertes de la chromatine (Morozov et al., 1998). L'integrase doit sûrement rester au niveau des sites d'intégration et attirer ainsi les facteurs de transcription pour permettre l'initiation de la transcription.

Les cellules MRT déficientes pour INI1 ne produisent pas de protéines virales après infection par le VIH-1 et aucun pouvoir infectieux n'a été observé puisque aucunes particules virales ne sont produites. Un mutant de délétion ne contenant que le domaine Rpt1 et un fragment du domaine Rpt2 (domaine d'interaction avec l'integrase) joue un rôle dominant négatif vis-à-vis de l'interaction INI1-Intégrase du VIH-1. Il inhibe la réplication au niveau de l'intégration de l'ADN viral ainsi que la production et l'assemblage des particules virales. Ce mutant interfère au niveau des évènements tardifs du cycle viral ce qui indique que INI1 doit être essentiel à ces étapes de réplication du VIH-1. Ainsi, INI1, protéine hôte accompagnatrice, est nécessaire à la production efficace de particules virales et est incorporée dans les virions (Yung et al., 2001).

Une récente étude a montré que cette interaction avec INI1 était spécifique à l'integrase du VIH-1. INI1 est retrouvée dans les virions VIH-1 et dans aucun autre virion. Aucune interaction n'a été retrouvée avec d'autres intégrases, comme celle du VIH-2 ou de HTLV-1 (Yung et al., 2004). Il est possible que ces autres rétrovirus interagissent avec d'autres protéines cellulaires, appartenant à des voies différentes de celles de INI1. On peut supposer que l'interaction avec INI1 confère une capacité spécifique au VIH-1 qui n'existe pas chez d'autres rétrovirus ou qui ne leur est pas nécessaire.

Les rétrovirus s'intègrent préférentiellement dans des régions transcrites actives, où la chromatine est ouverte. Ils nécessitent donc l'aide de protéines cellulaires pour détourner les barrières cellulaires et intégrer le noyau, pour le remodelage des régions chromatiniennes condensées, l'accessibilité des promoteurs des gènes cellulaires cibles. Pour VIH-1, le détournement du complexe SWI/SNF illustre parfaitement ce besoin.

- *E1 de HPV*

Les papillomavirus sont des petits virus à ADN associés à des lésions épithéliales cutanées ou des muqueuses squamées des vertébrés. HPV 16 et HPV18 jouent un rôle important dans la pathogénèse de certains carcinomes anogénitaux humains, les plus courants étant les cancers du col utérin. Deux protéines sont nécessaires à la réplication des HPV, les protéines E1 et E2.

La protéine E1 est essentielle à la réplication de l'ADN viral du papillomavirus humain (HPV) par ses activités ATPase, Hélicase et sa capacité de liaison à des séquences spécifiques d'ADN ainsi qu'à l'ADN polymérase α. *In vitro*, E1 est capable d'initier l'origine de la réplication de l'ADN viral. La protéine E2 est un facteur de réplication et de transcription essentiel. Par son extrémité N-terminale, E2 interagit avec la protéine E1 (région C-terminale) pour activer la réplication.

Un crible double hybride utilisant comme appât la protéine E1 de HPV18 face à une banque de proies d'ADNc issus de cellules Hela, a permis d'identifier la protéine INI1 comme protéine cellulaire interagissant avec E1 (Lee et al., 1999). Cette liaison INI1-E1 n'est pas restreinte à la protéine E1 de HPV18 puisqu'elle a été retrouvée avec la protéine de HPV11 et la version bovine de ce virus. La confirmation *in vitro* (par GST-pull down) et *in vivo* (par co immunoprécipitation) de cette interaction a permis d'identifier le domaine de INI1 impliqué et de le limiter au domaine Rpt1. INI1 serait donc nécessaire à la réplication efficace du papillomavirus. Aucune donnée n'a permis de déterminer si INI1 agissait seule ou au sein du complexe SWI/SNF mais il est fort probable que l'activité de remodelage de la chromatine du complexe soit nécessaire à suppléer l'activité Hélicase de E1 au niveau de l'origine de réplication virale.

- *Protéine K8 de KHSV*

Le Kaposi's Sarcoma-associated herpes Virus (KHSV) encore appelé HHV8 pour Human Herpes Virus 8 appartient à la famille des herpès virus. KHSV induit le sarcome de Kaposi souvent associé à une déficience immunitaire liée à une infection par le VIH-1 et est aussi responsable de lymphomes des cellules B primaires ou de la maladie multicentrique de Castleman. L'infection par KHSV dans les cellules tumorales est essentiellement latente et l'étape la plus importante est celle de transition vers le cycle lytique. Pendant la phase de latence, le génome est maintenu dans le noyau sous forme circularisée, épisomale, et son expression est fortement atténuée. L'activation de l'état lytique a lieu en cascade et aboutit à la production et la libération de virions.

La protéine K8 est une protéine précoce de la phase lytique. Un même gène code 3 formes de cette protéine, issues d'un épissage alternatif et de l'utilisation de codons stop différents. La forme majeure de 237 acides aminés, principalement active, contient un domaine leucine Zipper et est capable de s'homodimériser.

Un crible double hybride utilisant cette protéine comme appât a permis d'identifier une interaction entre la protéine K8 et le domaine N-terminal de INI1 (Hwang et al., 2003). Des expériences de GST-pull down et de co immunoprécipitations ont permis de valider cette interaction et de colocaliser les protéines K8 et INI1 au noyau. La capacité de transactivation de la transcription de K8 dépend directement de la présence de INI1.

En conclusion, K8 régulerait la transcription des gènes de KHSV et/ou la régulation des promoteurs cellulaires en recrutant des facteurs de remodelage de la chromatine.

- *EBNA2 du virus Epstein Barr*

EBNA2 (Epstein Barr Nuclear Antigen 2) est une des 6 protéines virales exprimées dans les lymphocytes B infectés par le virus Epstein Barr (EBV), au cours du cycle latent. Cette protéine, essentielle à l'immortalisation de cellules B par EBV, est un activateur transcriptionnel de plusieurs gènes viraux et cellulaires ; elle agit comme molécule adaptatrice qui lie des facteurs (cellulaires ou viraux) ayant un domaine de liaison à des séquences spécifiques d'ADN. EBNA2 contribue à la rapide modification du profil d'expression génique de la cellule nouvellement infectée pour faciliter l'amplification virale.

Un crible double hybride utilisant comme appât un fragment de la protéine EBNA2 (domaine N-terminal riche en proline) criblant une banque d'ADNc issue de lymphocytes B humains transformés par EBV a permis d'identifier INI1 comme protéine cellulaire partenaire (Wu et al., 1996). Si le domaine de INI1 impliqué dans l'interaction n'a pas été identifié, il semblerait que l'interaction ait lieu spécifiquement avec une sous-population de protéine EBNA2 phosphorylée. Des expériences précédentes avaient montré une association du complexe SWI/SNF avec le complexe holoenzyme de l'ARN polymérase II (Wilson et al., 1996). Les auteurs ont donc suggéré une potentielle association de EBNA2 avec le complexe SWI/SNF permettant une conformation ouverte de la chromatine au niveau des promoteurs cibles et un recrutement du complexe ARN polymérase II.

D'autres travaux ont créé un lien entre le complexe SWI/SNF et le monde viral. Une récente étude a montré que les complexes SWI/SNF contenant l'ATPase hBRM étaient essentiels au maintien de l'expression des gènes proviraux. hBRM permet l'inhibition du recrutement des HDAC au niveau du 5'-UTR des rétrovirus et diminue le taux d'histone H1 présente dans cette région (Iba et al., 2003) aboutissant ainsi à une levée du « gene silencing » des rétrovirus. Une autre étude a montré que la protéine RTA de KSHV interagissait avec BRG1 et la sous-unité TRAP230 du complexe TRAP/mediator associé à l'ARN polymérase II (Gwack et al., 2003). L'expression ectopique de RTA est suffisante à activer le cycle lytique du rétrovirus et l'inhibition de cette interaction conduit à une répression de cette activation. Ainsi, RTA interagit avec le Bromodomaine de BRG1 et active la transcription de ses gènes cibles grâce à l'action de remodelage du complexe SWI/SNF. De même, comme nous l'avons vu, le VIH-1 nécessite l'interaction avec INI1 pour l'intégration au génome hôte et les premières étapes de la réplication du génome viral, mais une étude a montré récemment que certains promoteurs viraux, dont l'expression était réprimée par des nucléosomes positionnés au niveau de l'initiation de la transcription, nécessitaient une liaison de BRG1 et du reste du complexe pour activer leur transcription (Henderson et al., 2004).

Il semblerait donc que l'interaction avec INI1, sous-unité importante pour différentes étapes du cycle infectieux des rétrovirus, serait le moyen spécifique de recruter le reste du complexe SWI/SNF et de potentialiser la réplication et l'amplification des rétrovirus. Ainsi, d'une manière générale, l'interaction de INI1 avec différentes protéines virales résulte probablement d'un détournement des fonctions de INI1 au cours de l'évolution favorisant la propagation du virus chez son hôte (Dingwall et al., 1995).

a2. Facteurs de transcription cellulaires

• *ALL-1, GADD34 et GAS41*

Le gène **ALL-1** ou encore appelé MLL ou HTRX (homologue de Trithorax de drosophile), localisé en 11q23, code pour une protéine essentielle à la différenciation myéloïde et lymphoïde des progéniteurs hématopoïétiques précoces. Cette protéine est souvent impliquée dans des translocations chromosomiques conduisant à la formation de protéines de fusion avec conservation de son domaine N-terminal qui contient un domaine AT-hook de liaison à l'ADN, domaine essentiel au ciblage de ALL-1 sur ses promoteurs cibles. Ces translocations ont été principalement mises en évidence dans 10% des Leucémies Aïgues Lymphoblastiques (ALL) et dans 5% des Leucémies Myéloïdes lymphocytaires (MLL) (Tkachuk et al., 1992). Différents partenaires de fusion ont été identifiés. Ce sont principalement des facteurs de régulation de la transcription comme ENL, AF9 ou encore CBP/p300.

Par leur domaine C-terminal, domaine conservé SET, <u>la protéine ALL-1 et son homologue de drosophile Trx interagissent avec les protéines INI1 humaine et Snr1</u>, son homologue de drosophile via le domaine Rpt1-Rpt2 (Rozenblatt-Rosen et al., 1998). Aucune relation n'a été décrite entre l'activité méthyl-transferase du domaine SET et INI1, mais cette interaction permettrait le recrutement spécifique du complexe SWI/SNF sur les promoteurs des gènes cibles de ALL-1. Les protéines de fusion [ALL-1/protéineX] issues de translocations, perdent le domaine SET et donc, la liaison directe ALL-1-INI1.

GADD34 (**G**rowth **A**rrest **D**NA **D**amage-inducible Gene) appartient à une famille de gènes initialement isolés par l'induction de leurs transcrits lors d'un traitement UV de cellules CHO (Chinese Hamster Ovary). Ces gènes sont également induits lors d'un arrêt du cycle cellulaire suite à un stress ou lors de l'activation de différents types de dommages de l'ADN. Le traitement de certaines lignées cellulaires par des irradiations γ entraîne une augmentation de l'expression de GADD34 et une activation de l'apoptose, de manière p53 indépendante (Hollander et al., 1997). La surexpression de cette protéine dans des cellules en culture conduit à une inhibition de la croissance et à un changement de morphologie de ces cellules. Ainsi GADD34 est un facteur pro-apoptotique. Pour cette fonction, <u>GADD34 interagit avec INI1</u> via le domaine Rpt2 (aa 305-318) (Wu et al., 2002).

GAS41 est un facteur de transcription identifié par son amplification génique dans des glioblastomes (**G**lioma **A**mplified **S**equence 41) (Fischer et al., 1997). Ce facteur interagit spécifiquement avec NuMA, protéine de la matrice nucléaire et a une localisation nucléaire durant l'interphase (Harborth et al., 2000). GAS41 est essentiel à la viabilité cellulaire et indispensable à la transcription puisqu'une inactivation de son gène conduit à une rapide inhibition de la synthèse générale d'ARN aboutissant à la mort cellulaire (Zimmermann et al., 2002). Le facteur GAS41 présente de fortes homologies au niveau de son extrémité N-terminale, avec des facteurs de transcription humains, AF9 et ENL, également impliqués dans des translocations avec ALL-1, et avec une protéine de *S.cerevisiae*, ANC-1. Cette protéine de levure est membre de deux complexes de facteurs de transcription basaux, TFIID et TFIIF. L'équipe de B.Cairns a montré l'interaction entre ANC-1 et SNF5, l'homologue de INI1 (Cairns et al., 1996a). Par homologie, une interaction entre GAS41 et INI1 a fait l'objet d'une investigation et a été validée par immunoprécipitation (Debernardi et al., 2002).

Comme je l'ai développé précédemment, ALL-1 est une protéine impliquée dans la formation de protéines de fusion, identifiées dans différentes leucémies. Lors de ces translocations, la partie N-terminale de ALL-1, contenant un domaine AT-hook, est conservée. Ce domaine AT-hook de ALL-1 interagit avec GADD34 (Adler et al., 1999). Il a également été montré que les différentes protéines de fusion avaient un rôle d'inhibition de l'apoptose, effet non décrit pour la protéine sauvage ALL-1. De façon intéressante, les auteurs de cette étude ont montré l'existence de complexes trimériques [ALL-1/protéineX]-GADD34-INI1 (**fig.13**). Les protéines [ALL-1/protéine X] jouent un rôle dominant négatif vis-à-vis de la protéine ALL-1 sauvage. Leur association à GADD34 aurait un effet anti-apoptotique (contraire au couple GADD34-INI1) et initierait la leucémogénèse. La formation de complexes trimériques [ALL-1/protéineX]-GADD34-INI1 permettrait le recrutement du complexe SWI/SNF. Ce recrutement serait un évènement nécessaire à la transactivation de la transcription essentielle à l'immortalisation cellulaire induite par ces protéines de fusion et jouerait un rôle dans la transformation néoplasique (Adler et al., 1999).

Une équipe a également montré que la protéine EBNA2 du virus Epstein Barr, pouvait entrer en compétition vis-à-vis de l'interaction INI1-GADD34 et inhiber la réponse cellulaire médiée par GADD34 suite à un stress, en séquestrant INI1 (Wu et al., 2002). Cette séquestration conduirait à une modification de la transcription générale de la cellule infectée et permettrait d'augmenter la survie des lymphocytes B durant la phase latente du cycle de ce virus.

Le détournement du complexe SWI/SNF est observé lors de la formation d'autres protéines de fusion [ALL-1/protéineX]. Par exemple, AF10 est un facteur de transcription dont le gène subit des translocations, décrites dans des tumeurs touchant les lignées hématopoïétiques et conduisant à la formation de deux protéines de fusion : ALL-1/AF10 (Chaplin et al., 1995a; Chaplin et al., 1995b) et CALM/AF10 (Dreyling et al., 1996), CALM étant une protéine impliquée dans l'assemblage des clathrines. Ces protéines de fusion conservent le domaine C-terminal de AF10 qui contient un domaine Leucine Zipper, capable d'interagir avec GAS41 (Debernardi et al., 2002).

Fig. 13 : Représentation schématique des protéines INI1, ALL-1 et GADD34 et de leurs interactions

INI1 interagit avec ALL-1(MLL/hTRX)

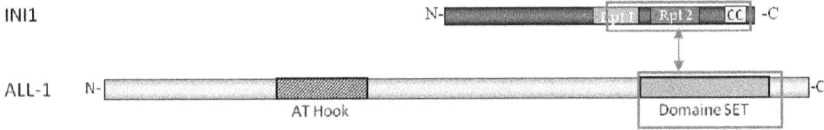

Modèle des protéines de fusion ALL1-*X*

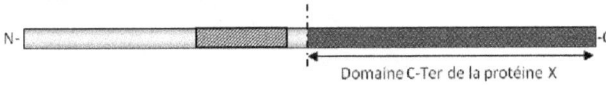

Complexe trimérique ALL1-GADD34-INI1

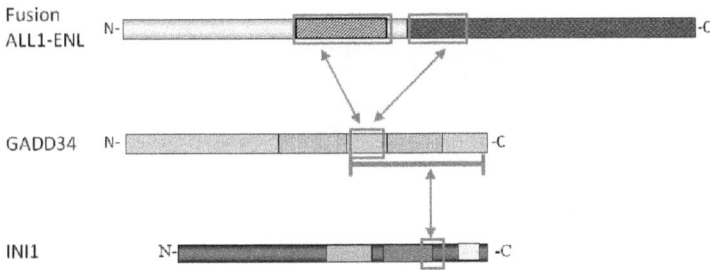

☐ Encadre le domaine impliqué dans les interactions pour chaque protéine

AF10 et GAS41 présentent toutes deux une localisation cytoplasmique et nucléaire. INI1 existe au sein d'un complexe tripartite INI1-GAS41-AF10 (**fig.14**) capable de recruter le complexe SWI/SNF. La protéine de fusion ALL-1/AF10 conserve l'interaction avec GAS41 et INI1, modifie la régulation de l'expression tant des gènes cibles de ALL-1 que de ceux de AF10 et conduit à des anomalies au cours du développement. Ces dérèglements pourraient avoir une incidence non négligeable lors de la transformation néoplasique dans les leucémies mais le mode d'action précis n'a pas encore été défini.

Fig. 14 : Représentation schématique des interactions ALL-1/INI1/AF10/GAS41

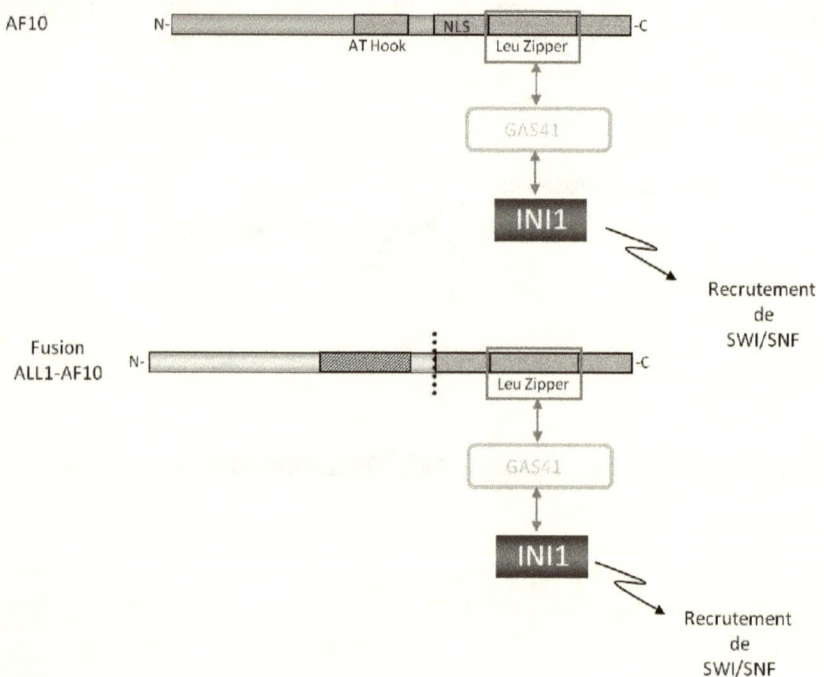

Ainsi, dans les protéines de fusion [ALL-1/protéineX], le domaine SET de ALL-1 n'est pas conservé, l'interaction directe ALL-1-INI1 ne peut avoir lieu. Mais un gain de fonction est tout de même observé, comme par exemple dans les cas de la fusion ALL1/AF10 ou encore de l'interaction ALL-1-GADD34, où des complexes tripartites existent, conservant l'association à INI1. La fonction initiale de cette association à INI1 est détournée dans la mesure où le recrutement du complexe SWI/SNF est conservé mais dérégulé.

Pour finir, des travaux (Connor et al., 2001; He et al., 1998) ont démontré que l'interaction spécifique entre GADD34 et la protéine phosphatase 1 (PP1) régule l'activité de cette enzyme et inhibe l'élongation lors de la traduction, en ciblant un facteur spécifique eIF2□. INI1 est capable d'interagir avec PP1 (Wu et al., 2002) et de former un complexe trimérique stable avec GADD34 conduisant à l'optimisation de son activité phosphatase. Les protéines BRG1, hBRM et BAF155, phosphorylées au cours du cycle cellulaire, nécessitent l'activité d'une phosphatase pour ré-activer le remodelage du complexe. Cette réactivation se fait par l'action de PP2A (Sif et al., 1998) mais pourrait également être due à PP1, via son interaction avec INI1.

Une dernière étude décrit la protéine INI1 retrouvée complexée à TACC2, nouveau gène suppresseur de tumeur identifié dans les cancers du sein (Lauffart et al., 2002). TACC2 appartient à une famille de protéines contenant un domaine TACC, pour Transforming Acidic Coiled Coil, et dont les gènes sont présents dans une région du génome souvent associée à la tumorigénèse et à la progression tumorale (Still et al., 1999a; Still et al., 1999b). TACC2 appartient aux gènes suppresseur de tumeur de classe II dans la mesure où ce n'est pas une mutation de sa séquence qui conduit au développement tumoral, mais une modification de son taux d'expression (Chen et al., 2000). Ainsi, TACC2 interagit avec GAS41, lui-même complexé à INI1, d'où la formation d'un complexe tripartite. Pour l'instant, aucun rôle fonctionnel n'a été associé à cette interaction.

- *c-Myc*

En 1999, par un crible double hybride, l'équipe de Kalpana (Cheng et al., 1999) a montré que c-Myc, transactivateur transcriptionnel, interagissait avec le domaine Rpt1 de INI1, via son extrémité C-terminale contenant un domaine bHLH et un domaine Leucine-Zipper. Cette interaction permet le recrutement du complexe SWI/SNF, qui serait essentiel à l'activation de la transcription de certains gènes cibles de c-Myc. Ce domaine bHLH-Zip de c-Myc est essentiel à la transactivation médiée par ce facteur de transcription, à la transformation cellulaire et à l'activation de la phase S et de l'apoptose (Facchini and Penn, 1998). L'interaction avec INI1 serait donc fonctionnellement significative pour son implication dans l'un ou l'autre de ces processus cellulaires. Par exemple, INI1 rentre en compétition avec le complexe ORC-1 responsable du «gene silencing » au niveau des gènes cibles de c-Myc (Takayama et al., 2000). Ainsi, le complexe ORC-1, qui fixe exactement le même domaine de c-Myc que celui reconnu par INI1, se lie au duplexe c-Myc/MAX au cours de la phase M et le début de la phase G1 pour inhiber les gènes cibles de c-Myc. En fin de phase G1-début de phase S, INI1 déplace ORC-1 et se lie à c-Myc pour activer la transcription de ses gènes cibles.

Il est tout de même important de souligner que INI1 est décrit comme gène suppresseur de tumeur tandis que c-Myc a plutôt un rôle pro-oncogène. Tous les tests de transactivation ont été menés sur des promoteurs chimériques et lors de surexpression dans des systèmes cellulaires. Mais il est difficile d'imaginer un rôle commun de l'interaction INI1-c-Myc dans les différents processus oncogéniques liés à la mutation de ces deux protéines.

Une autre protéine du complexe, BAF53, est capable de lier c-Myc et serait nécessaire à la transformation oncogénique activée par c-Myc (Park et al., 2002). On peut supposer que cette liaison favorisée en l'absence de INI1 pousserait la cellule vers une voie tumorale échappant à la régulation exercée par INI1.

La protéine INI1 contient deux domaines Rpt qui présentent des identités structurales. Leurs fonctions sont différentes puisqu'ils permettent des interactions avec différentes protéines cellulaires (et virales) (**fig.15**) avec une probable implication dans des fonctions cellulaires différentes (Morozov et al., 1998). Le domaine Rpt1 semble spécifique d'interactions protéine-protéine. Il est possible que le domaine Rpt2 ait divergé pour participer à des fonctions distinctes. Ainsi, INI1 permet une régulation différente des fonctions cellulaires par SWI/SNF, dépendant du type de protéines interagissant avec l'un ou l'autre des Rpt de INI1.

Fig. 15 a: Partenaires protéiques de INI1 déjà décrits

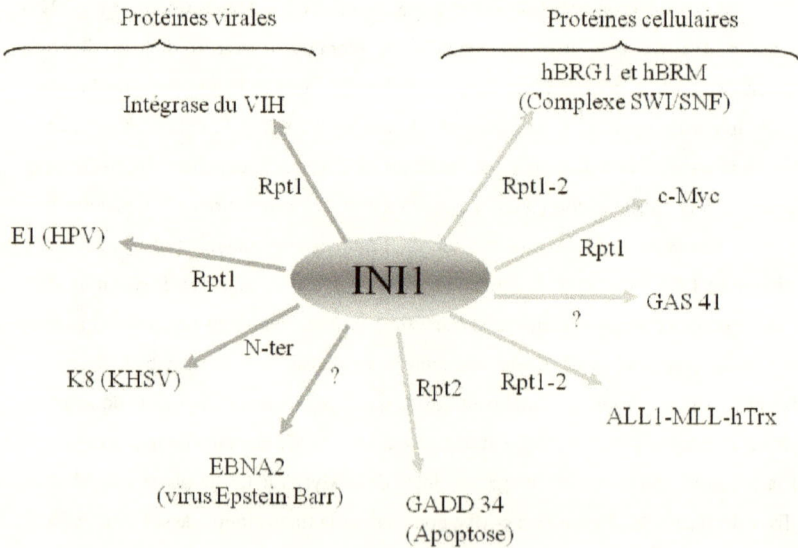

Technique pour la mise en évidence	protéines interagissant avec INI1	domaine de INI1 impliqué	references bibliographiques
double hybride	c-Myc	Rpt1	Cheng et al. 1999
	ALL-1	Rpt1-2	Rozenblatt-Rosen et al. 1994
	Intégrase VIH	Rpt1	Kalpana et al. 1994
	E1	Rpt1	Lee et al. 1999
	K8	N-ter	Hwang et al. 2003
GST-INI1	EBNA2	??	Wu et al. 1996
	GADD 34	Rpt2	Adler et al. 1999
Co-IP	BRG-1	Rpt1-2	Morozov et al. 1998; Muchardt et al. 1995
	hBRM		
	GAS 41	??	Debernardi et al. 2002

Fig. 15 b : Représentation schématique des domaines d'interaction de la protéine INI1 avec ses différentes partenaires protéiques connus.

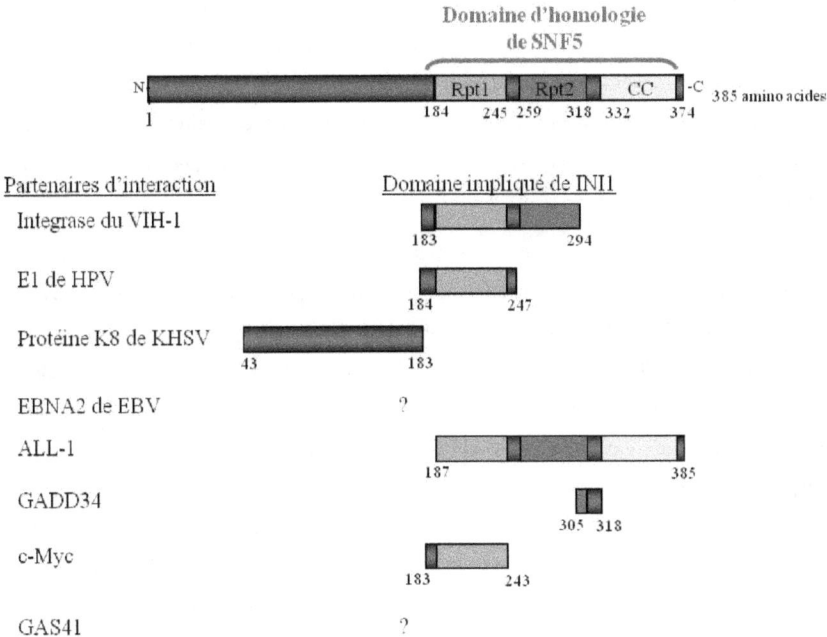

b. INI1 et cycle cellulaire

Comment la protéine INI1 régule-t-elle la prolifération cellulaire et pourquoi sa perte participe-t-elle au processus tumoral, deux questions qui restent encore des énigmes...Pour tenter d'y répondre, plusieurs équipes ont étudié les conséquences cellulaires de la réexpression de INI1 dans des cellules déficientes rhabdoïdes.

b1. Régulation de la phase G1/S

Un modèle de réexpression transitoire de INI1 a été réalisé au laboratoire, dans la lignée MON, issue d'une tumeur rhabdoïde abdominale. L'expression ectopique de INI1, mais pas de ses différentes versions tronquées mimant celles retrouvées dans les tumeurs, entraîne l'arrêt du cycle cellulaire en inhibant l'entrée en phase S des cellules, qui se retrouvent bloquées en phase G1 (Versteege et al., 2002). Cet arrêt observé également dans d'autres lignées rhabdoïdes (G401 et KD) ne survient pas lors de la surexpression de INI1 dans des cellules non rhabdoïdes.

Un deuxième modèle, construit par Souhila Medjkane au laboratoire, permet la réexpression stable de INI1 dans un système « tet-off ». Là aussi, l'induction de INI1 entraîne un arrêt du cycle cellulaire en phase G1, arrêt qui est réversible (Medjkane et al., 2004). La protéine INI1 produite semble donc fonctionnelle et s'intègre au complexe puisque des expériences d'immunoprécipitation montrent une association avec BRG1, BAF155 et BAF170 (Medjkane et al., 2004). Comparée au taux observé dans des cellules Hela, l'expression de INI1 dans le système inductible est proche du niveau physiologique contrairement au système transitoire. L'absence de marquage par l'annexine V montre que les cellules ne rentrent pas dans un processus apoptotique.

D'autres équipes ont mené le même type d'étude, en utilisant différentes lignées cellulaires. Tous les résultats sont concordants sur certains points, comme l'arrêt du cycle cellulaire en phase G1, confirmant cette propriété de INI1 (Zhang et al., 2002b; Betz et al., 2002; Reincke et al., 2003; Oruetxebarria et al., 2004; Vries et al., 2005). L'équipe de Betz utilisant les lignées G401 et A204 et l'équipe de Vries utilisant un clone inductible de G401 observent dans les deux cas l'arrêt du cycle qui s'accompagne de la formation de cellules aplaties, marqueur de senescence cellulaire (Betz et al., 2002; Oruetxebarria et al., 2004; Vries et al., 2005). Ce phénotype n'est pas une spécificité de INI1, puisqu'il est également observé lors de la réexpression de BRG1 (Kang et al., 2004). L'étude de Reincke présentait en plus l'intérêt de tenter de mettre en évidence des différences fonctionnelles entre les deux isoformes de INI1 (Reincke et al., 2003). Cependant l'inhibition du cycle s'est avérée comparable dans les deux cas, ce que nous avons également observé au laboratoire (résultat non publié).

La signature moléculaire de l'arrêt en G1 constitutif à la réexpression de INI1 a ensuite été étudiée par de nombreuses équipes, dont la nôtre.

Dans notre modèle transitoire, la réexpression de INI1 dans les cellules MON entraîne l'inhibition, dès 48h post-transfection, de la transcription des gènes cibles de E2F tels que la cycline A, E2F1 et cdc6. Les autres protéines majeures du cycle, telles que la cycline E, CDK2, la cycline D1, CDK4, p16 et p21 ne montrent pas de variation. Dans le modèle inductible, l'analyse du transcriptome sur puces affymétrix, comparant des cellules induites sur une longue cinétique, a confirmé cette variation de marqueurs du cycle. La surexpression de la cycline D1, de la cycline E ou de la protéine E1A de l'adénovirus suffisent à réverser l'arrêt du cycle induit par INI1 ce qui suggère une <u>implication de la voie Rb</u> (Versteege et al., 2002). Pour analyser le rôle de Rb dans l'arrêt du cycle, des cellules non rhabdoïdes, présentant une voie Rb mutante, ont été transfectées par INI1. Dans chacune d'elles, la surexpression de INI1 n'induit pas d'arrêt du cycle ce qui démontre que INI1 nécessite un facteur Rb fonctionnel.

Pour essayer de positionner INI1 dans la cascade d'activation de la protéine Rb, p16^{ink4a} et Rb ont été surexprimées dans les cellules rhabdoïdes. Ces protéines surexprimées sont capables, en absence d'INI1 d'induire un arrêt du cycle. Ainsi, <u>INI1 nécessite une voie Rb fonctionnelle pour arrêter le cycle, mais n'est pas indispensable à la fonction de Rb</u>. Ce résultat est en opposition avec ceux obtenus pour BRG1, qui est, comme nous l'avons vu précédemment, indispensable à l'arrêt du cycle associé à Rb. Toutefois ces données permettent de positionner INI1 en amont de Rb.

Contrairement à l'arrêt du cycle observé lors de la réexpression de INI1, la caractérisation des modifications des marqueurs du cycle cellulaire prête à controverse. Le **tableau 2** ci-contre récapitule la variation de l'expression de différentes protéines lors de la réexpression de INI1.

L'analyse du tableau montre que mise à part l'inhibition de la cycline A, cible de E2F et la constance de CDK4 et p21, les auteurs n'observent pas des profils d'expression identiques pour les autres facteurs.

Seules deux équipes montrent une diminution importante du niveau de la cycline D1 (Zhang et al., 2002b; Oruetxebarria et al., 2004). Le groupe de Kalpana l'associe à une diminution de la transcription du gène directement contrôlée par le complexe SWI/SNF associé à des HDAC via un recrutement de INI1 sur le promoteur de la cycline (Zhang et al., 2002b). La cycline D1 surexprimée permet de rétablir un cycle cellulaire normal démontrant que la protéine est capable de court-circuiter l'effet de INI1. Très récemment, cette équipe a montré que cet effet ne concerne pas les autres cyclines D (Tsikitis et al., 2005).

Tableau 2 : Comparatif des différentes études de réexpression de INI1 dans des cellules rhabdoïdes

modèles de réexpression de INI1		Oruetxebarria.2004 Vries.2005	Reincke 2003	Medjkane/Versteege. 2002	Betz.2002	Zhang.2002
modèle d'expression		inductible à l'IPTG	stable	transitoire et inductible (tet-off)	transitoire	transitoire
lignées rhabdoïdes		G401	TM87.16 RT4E	MON	A204	MON
contrôle G1 et S	cyc D1	↘		cte	cte	↘
	CDK4	cte		cte	cte	si expression ectopique de cycline D1
	Cyc E	↘	cte	cte	cte	
	CDK2			cte	↘	réversion arrêt cycle
cibles de E2F	E2F1			↘		
	cyc A	↘	↘	↘	↘	pas de formation de cellules aplaties
	cdc6			↘		
Inhibiteurs de CDK	p16	↗	↗	cte !!!	↗	
	p21	cte	cte	cte	cte	
	p27			cte		
Rb-hypophospho.		↗		nécessité Rb fonctionnelle	↗	
voie de p53	p14	cte				
	BAX	cte				
	p53	cte				
CD44		↘				
c-Myc			↘			
Morphologie		Cellules plates et adhérentes	Cellules plates et adhérentes	Cellules rondes peu adhérentes		
Observations		sénescence, promoteur p16 induit par BRG1+INI1, promoteur CD44 inhibé par BRG1+INI1	sénescence, apoptose observée pour les TM87.16			Rpt1+Rpt2 essentiels INI1 sur promoteur de cycline D1 et recrute des HDAC

cte — pas de variation de l'expression
en rouge — résultats discordants
en bleu — résultats obtenus pas plusieurs équipes

Dans cette même étude, des expériences *in vivo* sur des souris doublement mutées pour *ini1* et *cycD1* montrent que l'effet tumorigène de la perte de INI1 est dépendant de la présence d'une cycline D1 fonctionnelle.

Trois des équipes s'intéressent au statut de p16^{ink4a}, qui dans leurs mains augmente de façon significative lorsque INI1 est réexprimée (Betz et al., 2002; Reincke et al., 2003; Oruetxebarria et al., 2004; Vries et al., 2005) . L'équipe de Betz note dans les lignées G401 et A204, une inhibition de CDK2 (Betz et al., 2002). Ces deux évènements concordent avec les observations précédemment publiées montrant que l'arrêt du cycle imposé par p16^{ink4a} nécessite l'inhibition de CDK2 (Jiang et al., 1998). En effet, le couple CDK2-CycE responsable de la phosphorylation inhibitrice de Rb en fin de phase G1, est alors inactif. L'équipe de Vries, dans les cellules G401, observe à la fois une forte transcription de p16^{ink4a} et une inhibition de la cycline E (Oruetxebarria et al., 2004; Vries et al., 2005). L'analyse par chromatine-immunoprécipitation (ChIP) de l'occupation du promoteur de p16^{ink4a} montre une fixation de INI1, mais aussi de BRG1 en présence de INI1. Le complexe SWI/SNF semble donc être recruté pour le contrôle de la transcription de p16^{ink4a}, défini comme l'effecteur principal de INI1 dans ces études. D'autre part, le facteur de transcription AP-1 est capable de transactiver l'expression de la protéine p16^{ink4a} mais aussi de recruter le complexe SWI/SNF via l'interaction BAF60a-JunB (Ito et al., 2001). Il pourrait donc servir d'intermédiaire entre le complexe et le promoteur de p16^{ink4a}. Cette étude illustre une fonction du complexe SWI/SNF nécessitant la présence de INI1.

Comment expliquer ces divergences ? D'une part, des lignées issues de tumeurs rhabdoïdes différentes sont utilisées. Il est donc fort probable que les différences observées soient liées à des spécificités cellulaires. D'autre part, il ne faut pas négliger l'importance du niveau d'expression de INI1 qui peut être variable dans chaque modèle et les conditions de culture (par exemple la composition du sérum).

Pour conclure sur le rôle de INI1 dans le contrôle de la transition G1/S, on peut retenir que la signature converge vers la voie Rb-E2F (**fig.16**) et que cet effet est médié dans certains cas par le recrutement du complexe SWI/SNF.

b2. Implication de INI1 dans le contrôle de la ploïdie lors de la mitose

L'équipe de Vries s'est demandée si seul l'effet antiprolifératif de INI1 était impliqué dans la suppression tumorale (Vries et al., 2005). Elle a alors démontré que la perte de fonction de INI dans les lignées rhabdoïdes conduisait à la polyploïdisation et l'instabilité chromosomique. La réexpression d'une forme sauvage de INI1 suffit à réverser ce phénotype. Au contraire, l'expression d'un mutant ponctuel décrit dans une tumeur rhabdoïde (S284L) amplifie la polyploïdie, cet effet s'accompagnant de la formation de deux fuseaux mitotiques. Le facteur Mad2 et son régulateur E2F1, décrits comme impliqués dans l'aneuploidie (Hernando et al., 2004) sont très fortement exprimés dans les cellules rhabdoïdes et rapidement inhibés suite à la réexpression de INI1 sauvage. L'équipe montre que cet effet emprunte la voie p16-CycD/CDK4-Rb-E2F (Vries et al., 2005).

Fig. 16: Représentation de l'action de INI1 sur les voies p16 et p21

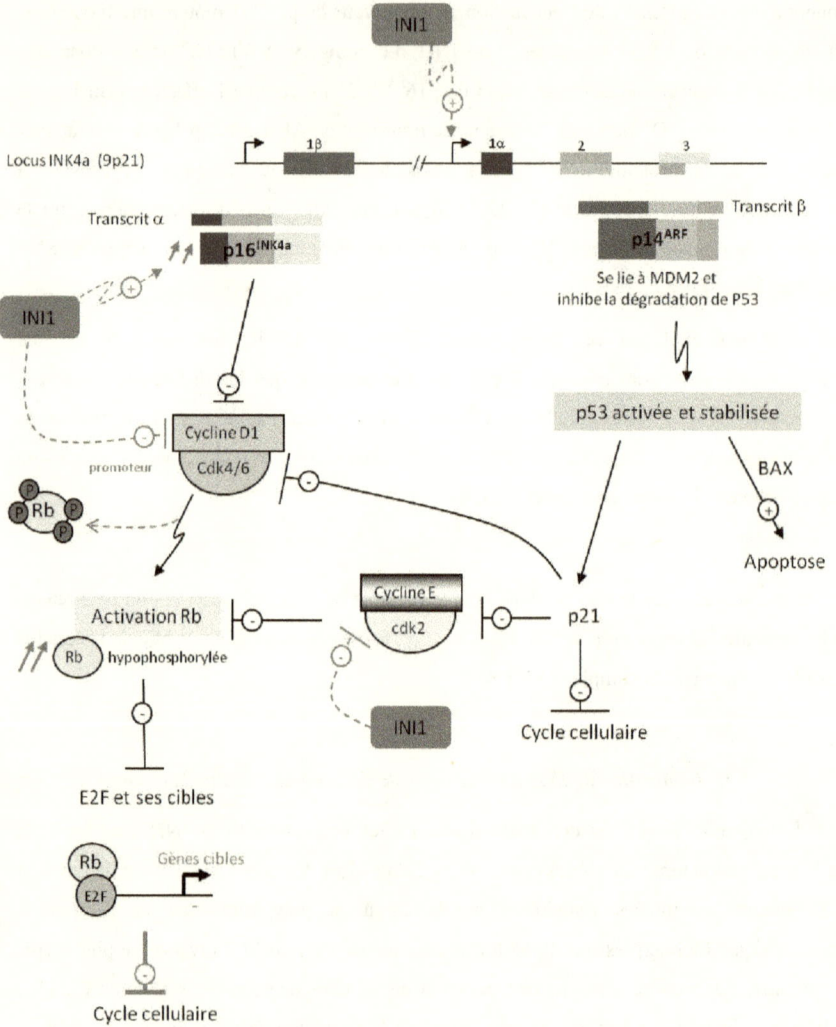

c. INI1 et adhésion

Le système inductible développé au laboratoire nous a permis d'étudier les cellules réexprimant INI1 sur le long terme (Medjkane et al., 2004). Après quelques jours, les cellules initialement bien adhérentes, changent de morphologie : elles deviennent plus petites et s'arrondissent. L'analyse de marqueurs permettant de visualiser le cytosquelette montre un passage d'un cytosquelette d'actine très bien organisé à l'apparition de fibres de stress concomitante à un fort marquage de l'actine corticale. Tous ces caractères suggèrent que l'adhésion cellulaire diminue en présence de INI1, observation confirmée par la diminution de points focaux d'adhésion mis en évidence par un marquage paxilline. Au niveau moléculaire, ces effets s'accompagnent d'une inhibition de l'activité de Rho, qui appartient à la famille des petites GTPases Rho spécialement impliquée dans la régulation des fibres de stress d'actine et dans la formation des points focaux d'adhésion (pour revue, voir Frame and Brunton, 2002). L'étude de l'implication de la voie Rho dans le remodelage du cytosquelette lié à INI1 et les liens avec les phénomènes de migration/invasion, sont en cours d'étude au laboratoire.

d. Lien avec l'activité de SWI/SNF ?

Jusqu'à présent, j'ai présenté la protéine INI1 en tant qu'entité du complexe SWI/SNF. Il est donc tentant de faire l'amalgame entre les fonctions de la sous-unité et celles du complexe même. Dans certaines études le lien a été démontré, toutefois, de nombreuses données suggèrent qu'il existe des fonctions respectives.

S'interrogeant sur le sujet, l'équipe d'Imbalzano a étudié l'expression de différents gènes cibles de BRG1 (CSF1, SPARC, CRYAB, hP8, hsp70, GBP-1 et CIITA) dans les lignées rhabdoïdes, G401 et A204, avant et après réexpression de INI1 (Doan et al., 2004). Les auteurs montrent qu'au moins une lignée exprime chaque gène cible de BRG1 et que la réexpression de INI1 ne modifie pas leur profil d'expression. Des variations sont toutefois observées en fonction de la lignée testée montrant que la nécessité de INI1 dépend du type cellulaire et du fond génétique. De plus, des expériences d'immunoprécipitation montrent une association des différents membres du complexe, BRG1, BAF155, BAF170 et BAF180 en absence de INI1. Par conséquent, INI1 n'est pas essentielle à la formation du complexe contrairement à la protéine SNF5 de *S.cerevisiae*. De plus, l'expression de certains gènes dépendants de BRG1 est indépendante de INI1.

Le cas de la régulation de CD44, défini comme marqueur expérimental de l'expression de BRG1, est très intrigant. Les cellules déficientes pour BRG1 n'expriment pas cette glycoprotéine membranaire. La protéine BRG1 réexprimée, se fixe au promoteur de CD44 et rétablit son expression. Au contraire, les cellules rhabdoïdes, déficientes pour INI1, expriment un fort taux de CD44 qui est inhibé à la réexpression de INI1 (Oruetxebarria et al., 2004; Vries et al., 2005). Dans cette étude, des expériences de ChIP montrent un recrutement du complexe SWI/SNF répresseur, uniquement en présence de INI1 sur le promoteur de CD44. Ainsi sur un même promoteur, en fonction du type cellulaire, les deux protéines BRG1 et INI1 peuvent exercer des fonctions opposées.

Enfin, BRG1 et INI1 sont impliquées dans le contrôle du cycle cellulaire par l'activation de la voie Rb. Or cet effet semble impliquer des acteurs différents : p16 ou CycD1 pour INI1, p21 pour BRG1. D'autre part, nous avons vu que l'activité de Rb nécessitait la présence de BRG1 mais pas celle de INI1.

4. Modèles d'inactivation des différentes sous-unités des complexes SWI/SNF : implication dans le développement

L'étude fonctionnelle d'un gène passe classiquement par son inactivation dans les modèles levure, drosophile et souris, quand son homologue dans ces organismes a déjà été identifié. Souvent, la mise en évidence de certains gènes a d'abord lieu dans une de ces espèces. Les observations faites dans ces modèles permettent d'associer une fonction à la protéine étudiée et de préciser les voies dans lesquelles elle intervient. Ces organismes restent des modèles d'étude, différents de l'organisme humain, mais nous renseignent énormément quant aux interactions, aux cofacteurs et aux fonctions de nos protéines d'intérêt.

Je présente ici les différents modèles d'inactivation, drosophile et souris, utilisés pour l'étude des sous-unités des complexes SWI/SNF.

a. Invalidation des sous-unités chez la drosophile

a1. La sous-unité ATPase Brm

Chez la drosophile, différents gènes régulent la différenciation. Au cours du développement, les gènes de segmentation établissent le profil initial dès les premiers stades de l'embryogenèse. Puis, les gènes homéotiques prennent le relais : d'une part les gènes du complexe Antennapedia (ANT-C) déterminent les segments de la tête et les segments thoraciques, et les gènes du complexe Bithorax (BX-C) régulent la mise en place des segments abdominaux et postérieurs. Cette détermination est contrôlée de façon extrêmement précise dans l'espace et dans le temps. Elle sera ensuite régulée par des facteurs répresseurs appartenant au groupe *Polycomb* (*Pc*) et des facteurs activateurs du groupe *Trithorax* (*Trx*). Les gènes du groupe *Polycomb* sont des répresseurs transcriptionnels qui maintiennent la chromatine sous sa forme condensée particulièrement au niveau des gènes de segmentation de la drosophile. Les gènes du groupe *Trithorax* jouent, eux, le rôle inverse d'activateurs transcriptionnels et permettent ainsi le maintien de l'expression des gènes de segmentation dans les régions adéquates.

Les mutants *Pc-/-* présentent une transformation des antennes en pattes (dérépression du gène *Antennapedia*), des ailes en haltères (dérépression du gène *Ultrabithorax*), de la 3° patte en première (dérépression de *Sex combs reduced*) et du 4° segment abdominal en segment plus postérieur (dérépression de *Abd A* et ou *Abd B*).

Brahma (Brm), a été mise en évidence par son effet suppresseur du phénotype lié à la mutation de Polycomb (Tamkun et al., 1992). Les mutations hétérozygote ou homozygote de *Brm* inhibent les transformations homéotiques induites par les mutations de *Pc*. Par son rôle répresseur de Polycomb, *Brm* appartiendrait donc au groupe des gènes *Trithorax* (*Trx*) régulant positivement la transcription des gènes homéotiques. L'interaction entre Brm et la protéine phare de ce groupe, Trx a été validée et semblerait nécessaire au maintien de l'activation des gènes homéotiques tels que *Ubx* (*Ultrabithorax*) et *Abd-B* (*Abdominal B*) en contrecarrant les effets des protéines du groupe Pc au niveau de la chromatine (Tamkun et al., 1992). Par la suite, il a été montré par invalidation que les mutations de *brm* peuvent être très délétères ou létales aux stades larvaires. Le simple mutant *brm-/-*, quand il survit, présente une faible transformation (profil cuticulaire normal, pas de défaut de segmentation ni de transformation homéotique) probablement par compensation grâce à la présence de la protéine d'origine maternelle. Des tests de mutations ponctuelles du gène *Brm* ont montré que ce n'est pas la présence d'une protéine brm mutée qui entraîne un défaut d'expression des gènes homéotiques mais que ce problème serait lié aux taux de Brm présente.

L'étude des embryons sauvages a permis de montrer que Brm a une expression spatio-temporelle qui varie au cours du développement. De très forts taux de protéine Brm sont relevés dans des œufs non fertilisés et dans des embryons précoces, ce qui laisse présager un rôle important de Brm aux cours des premiers stades embryonnaires, cohérent avec la létalité observée fréquemment chez les *brm-/-*. Ces taux diminuent en fin d'embryogénèse pour atteindre des niveaux très faibles aux stades larvaire et pupal, et Brm est pratiquement indétectable chez les adultes.

a2. Snr1

Par comparaison de séquence protéique, *Snr1* a été identifié par Dingwall et al. en 1995, en tant qu'homologue potentiel de *SNF5*, et donc de *INI1*. Cette équipe a montré que Snr1 présentait le même profil d'expression que Brm (Dingwall et al., 1995) et était très fortement exprimée dès les premiers stades du développement embryonnaire (œufs non fertilisés, embryons précoces). Sa localisation est alors ubiquitaire. Aux stades plus tardifs de l'embryogenèse, la protéine Snr1 est retrouvée principalement localisée au niveau du système nerveux central, du cerveau, des disques imaginaux et des glandes salivaires. Aux stades larvaire et pupal, de faibles accumulations de l'ARN Snr1 sont observées et de faibles traces d'ARN et de protéine sont détectables chez les adultes.

L'inactivation biallélique de Snr1 conduit à une mort des individus au 2° stade larvaire et aucune transformation homéotique n'a été mise en évidence.

Les hétérozygotes *snr1*+/-, tout comme les hétérozygotes *brm*+/-, ne présentent aucun phénotype. En revanche, le double hétérozygote présente le même phénotype que les mutants perte de fonction de Brm ou Ant-p (Antennapedia) qui présentent des défauts prothoraciques tels qu'une perte de l'humérus. Il semblerait donc que Snr1, Brm et Trx agissent ensemble pour réguler la transcription des gènes homéotiques. Snr1 appartiendrait donc au groupe Trithorax dont la tête de file, Trx nécessiterait le complexe Snr1-Brm pour maintenir l'expression des gènes homéotiques des complexes Antennapedia et Bithorax.

Un mutant thermosensible de Snr1 obtenu par mutagénèse a été identifié (Marenda et al., 2003). Ce mutant snr1[E1] présente une substitution d'un acide aminé très conservé au niveau du domaine Rpt2 qui conduit à une fonction de dominant négatif, à température non permissive de 29°C. La modification du dosage de Snr1 à température non permissive entraîne une létalité quel que soit le stade larvaire ou adulte auquel elle survient, mais pas aux stades embryonnaires. Cette étude montre que la contribution d'origine maternelle en protéine Snr1 est suffisante pour assurer le développement jusqu'au stade larvaire, ce qui confirme les résultats obtenus lors de l'étude des individus *snr1*-/-. L'analyse des drosophiles où la mutation snr1[E1] a été activée montre un rôle important de Snr1 dans le développement du système nerveux périphérique, des yeux et des veines des ailes. Cette étude met également en évidence le rôle inhibiteur de Snr1 dans le contrôle de la prolifération cellulaire puisque les drosophiles snr1[E1] présentent un index mitotique plus élevé que les sauvages et une taille significativement plus importante.

b. Invalidation chez la souris

Il a été montré que la perte de fonction de BRG1 et INI1 entraîne chez l'homme des processus tumoraux. Les invalidations des ATPases, de INI1 et de certaines autres sous-unités du complexe ont donc été réalisées chez la souris pour tester leur pouvoir oncogénique. Comme chez la drosophile, les résultats que je présente ici démontrent que le complexe SWI/SNF fonctionnel est indispensable aux premières étapes du développement embryonnaire.

b1. Invalidation des ATPases BRG1 et BRM

Inactivation de BRG1

La première étude utilise des cellules F9 de carcinome embryonnaire murin, modèle intéressant dans la mesure où un traitement à l'acide rétinoïque entraîne une différenciation de type endoderme. L'inactivation biallélique de *BRG1* dans ces cellules a montré que la protéine BRG1 était essentielle à la viabilité cellulaire (Sumi-Ichinose et al., 1997). Les cellules hétérozygotes ont une prolifération cellulaire ralentie tout en conservant la réponse à l'acide rétinoïque, démontrant une haploinsuffisance en ce qui concerne la croissance. BRG1 est donc essentielle à la survie et à la prolifération cellulaire. Dans ces expériences, aucune compensation par BRM n'a été observée.

En 2000, un modèle murin d'invalidation de *BRG1* a été mis au point par l'équipe de Crabtree, ce qui a permis de montrer que la délétion homozygote de *BRG1* était létale au stade péri-implantatoire, avant le début de la décidualisation (jours 4-6 post conception) (Bultman et al., 2000). Le défaut est intrinsèque aux embryons et non lié à l'environnement utérin des mères hétérozygotes. La mise en culture *in vitro* des blastocystes révèle une mort des cellules de la masse cellulaire interne ainsi que des cellules du trophectoderme. En revanche, les autres types cellulaires se maintiennent en culture, ce qui montre que BRG1 ne serait pas un facteur général de survie cellulaire à ce stade. Ces observations ont été confirmées par l'inactivation de *BRG1* dans des fibroblastes embryonnaires primaires de souris (PMEF) qui conservent une prolifération cellulaire comparable à celle des cellules sauvages.

La majorité des souris hétérozygotes survivent et sont fertiles. Certaines présentent des exencéphalies dues à un défaut du système nerveux central et meurent peu de temps après leur naissance. Dans 15% des cas, les hétérozygotes meurent suite au développement de larges tumeurs sous-cutanées au niveau du cou et des régions inguinales. Ces tumeurs présentent des structures glandulaires et ont un index mitotique élevé. Aucune perte d'hétérozygotie n'a été observée. Les défauts du système nerveux central observés sont directement associés au profil d'expression de *BRG1* durant le développement embryonnaire, puisque son transcrit est retrouvé dans les embryons normaux, essentiellement au niveau du cerveau, de la chorde spinale et de la colonne vertébrale (Randazzo et al., 1994). Cette étude montre que BRG1 a des fonctions spécifiques pendant les étapes précoces du développement et que sa perte de fonction entraîne, dans certains cas, un processus tumoral.

Inactivation de BRM

Contrairement à BRG1 exprimée fortement et de manière spécifique tout au long du développement embryonnaire, Brm n'est pas détectable au début de l'embryogénèse, puis de faibles taux de son transcrit sont observés à partir du jour 7,5 post conception, dans les cellules de la masse cellulaire interne du blastocyste, quand la première différenciation commence (LeGouy et al., 1998). Cette expression augmente progressivement mais reste toujours inférieure à celle de BRG1 jusqu'à la naissance, moment à partir duquel une inversion a lieu et où l'expression de BRM prédomine dans certains organes.

Un modèle d'invalidation constitutive de *BRM* a été développé par l'équipe de Moshe Yaniv. Les souris brm-/- ont un développement et une reproduction comparables aux sauvages mais les adultes de 6 à 8 semaines présentent une augmentation de poids de près de 15% due à une augmentation générale du poids des organes, des os et des muscles (Reyes et al., 1998). Cette prise de poids est liée à une augmentation de la prolifération cellulaire et à un index mitotique particulièrement élevé, illustrés par des cellules du foie qui cyclent quatre fois plus vite que les sauvages. L'étude comparative des fibroblastes embryonnaires primaires (MEF) dérivés des embryons *brm-/-* et sauvages ne montre aucune différence de morphologie mais une augmentation de la croissance et de la densité cellulaire des *brm-/-* dès le premier passage. Des expériences de mise à confluence et d'irradiation de ces MEF montrent que ces cellules présentent une altération de l'inhibition de contact et sont partiellement défectives pour l'arrêt en G1 suite à l'induction de dommages de l'ADN. Les cellules engagent un processus apoptotique qui permet d'atteindre un certain équilibre avec l'amplification de la prolifération cellulaire.

L'effet de *Brm* sur la croissance s'illustre également en culture cellulaire. Des expériences de stimulation mitogénique par d'autres protéines oncogéniques, aboutissant à l'activation de la voie Ras, telles que Raf ou l'antigène T du polyoma virus, montrent également une diminution spécifique de l'expression de BRM. De même, une déprivation de sérum conduisant à l'arrêt de croissance des fibroblastes murins entraîne une accumulation de la protéine BRM. Ainsi, BRM jouerait un rôle direct dans la prolifération cellulaire dans la mesure où une augmentation de son taux permet une sortie du cycle alors que l'inhibition de son expression facilite la transformation tumorale par différents oncogènes.

Contrairement à *BRG1*, l'inactivation totale de *BRM* entraîne une augmentation de l'expression de la protéine BRG1, son transcrit restant constant, ce qui suggère une régulation post-transcriptionnelle de cette protéine, augmentant sa traduction ou sa stabilité. Cette augmentation est observée dans tous les organes et particulièrement dans ceux qui, normalement, expriment beaucoup BRM, tels que le foie et le cerveau. Les autres protéines du complexe SWI/SNF, elles, ne varient pas et des expériences de coimmunoprécipitation montrent que BRM est remplacée par BRG1. Au niveau des marqueurs du cycle, seule la p27 n'est pas augmentée comme elle le doit quand les cellules arrivent à confluence, reflétant une altération de sa régulation. Le phénotype observé suite à l'inactivation de *BRM* ressemble fort à celui des souris *p27-/-* (Fero et al., 1996; Kiyokawa et al., 1996) qui présentent une hyperplasie de leurs organes contrairement au phénotype de petite taille des souris *p21-/-* ou de celles surexprimant Rb. Ainsi l'augmentation de taille des souris *brm-/-* pourrait être due à un défaut de la voie Rb associé à des anomalies du système endocrinien, anomalies liées à l'implication de SWI/SNF dans la régulation de la transcription activée par les récepteurs nucléaires.

Cette redondance a déjà été évoquée par des études sur lignées en culture. Parallèlement à cette étude *in vivo*, la même équipe a publié un travail sur la transformation de cellules NIH3T3 par l'oncogène *ras* qui entraîne une diminution spécifique de l'expression de BRM mais pas de BRG1 (Muchardt et al., 1998). La réexpression de *BRM* dans ces cellules transformées aboutit à une réversion partielle du phénotype révélée par un arrêt de la croissance des cellules et une diminution du pouvoir cancérogène lors de l'injection dans des souris nudes. En revanche, l'expression du dominant négatif de BRM, muté au niveau du domaine ATPase n'est pas capable de réverser le phénotype. De même, une surexpression de hBRM dans des cellules Hela entraîne une diminution de la protéine BRG1 (Reyes et al., 1998). Un autre exemple est donné par une lignée de carcinome ovarien humain, OV.1063, qui n'exprime pas BRG1 mais dont le taux de hBRM est augmenté de deux à trois fois. Sinon, différents marqueurs cellulaires comme la vimentine, la collagénase et la glycoprotéine membranaire CD44 sont régulés par le facteur AP-1 associé à des complexes SWI/SNF contenant soit hBRM soit BRG1. Par ailleurs, une récente étude a montré une implication du complexe dans l'activation de la transcription de l'érythoropoïétine (EPO) suite à une hypoxie cellulaire. Une déplétion de *BRG1* entraîne une augmentation de la protéine hBRM, concomitante à une augmentation de la transcription de l'EPO, montrant encore une fois la compensation de la perte de BRG1 par hBRM (Wang et al., 2004a). Toutes ces observations s'accordent vers une potentielle redondance de fonctions des deux ATPases du complexe SWI/SNF, redondance qui explique parfaitement la double inactivation observée parfois dans certaines lignées cellulaires.

BRG1 et BRM semblent occuper des fonctions quelque peu redondantes au sein du complexe SWI/SNF puisque BRG1 compense l'absence de BRM au cours du développement embryonnaire chez la souris. Toutefois, cette redondance entre les deux ATPases ne serait pas totale. Des dérégulations se manifestent à l'âge adulte chez les souris *brm-/-*, au niveau de la régulation de la prolifération cellulaire, processus nécessitant une protéine BRM fonctionnelle. En revanche, l'inactivation de BRG1 est létale aux phases précoces embryonnaires et BRM ne peut pas prendre la relève. Les embryons se retrouvent alors pendant un lapse de temps « sans régulation », au niveau de la structure chromatinienne de certains gènes essentiels, dont le défaut d'expression les conduit à une mort avant implantation. Comme je l'ai exposé précédemment, deux types de complexes cohabitent dans les cellules, BRM n'appartient qu'aux complexes BAF alors que BRG1 est retrouvée dans les complexes BAF et PBAF (homologue du complexe RSC, vital chez *S.cerevisiae*). BRG1 est capable de remplacer BRM dans les complexes BAF mais les complexes PBAF sont inactifs chez les souris *brg1-/-*. Il est intéressant de noter que seule la perte de fonction de BRG1 aboutit à une tumorigénèse chez les souris. Tous ces éléments penchent en faveur d'une redondance partielle de fonctions entre ces deux protéines, la spécificité de chacune restant encore à étayer.

Différentes études s'appliquent d'ailleurs à spécifier ces fonctions. Il a ainsi été montré que BRG1 se fixe préférentiellement à des facteurs de transcription à doigt de zinc, alors que hBRM s'associe aux facteurs ICD22 et CBF-1 participant à l'activation des membres de la voie Notch (Kadam and Emerson, 2003). De même une liaison spécifique de BRG1 avec les facteurs ZNF185 et CYP3A4 a été mise en évidence (Medina et al., 2005). Si les promoteurs de la β-globine, p16, p21 et p27 fixent spécifiquement BRG1, seul le promoteur de la cycline A fixe les deux ATPases de façon différentielle : BRG1 au cours de la différenciation et hBRM pour la prolifération cellulaire (Kadam and Emerson, 2003). Pour ces différentes fonctions, BRG1 et hBRM ne sont pas interchangeables puisqu'une perte de fonction de l'une ou l'autre entraîne une inhibition de l'activation des différentes cibles du complexe.

b2. Invalidation de INI1

- *Invalidation constitutive*

Les séquences sont très conservées entre les deux protéines humaine et murine puisqu'elles présentent près de 99,9% d'identité. En 2000 et en 2001, trois équipes différentes ont invalidé l'homologue du gène *INI1* chez la souris, par trois approches différentes.

L'équipe de Moshe Yaniv (Klochendler-Yeivin et al., 2000) a utilisé des cellules embryonnaires souches dans lesquelles les exons 1 et 2 de *INI1* avaient été remplacés par le gène rapporteur LacZ contenant un signal de localisation nucléaire. L'analyse de l'expression de la β-Galactosidase montre que INI1 est très fortement exprimée dès le stade quatre cellules puis de façon ubiquitaire dans tous les organes. Les croisements de deux hétérozygotes pour la mutation de *INI1* ne donne jamais naissance à des homozygotes mutants. Les embryons ont donc été étudiés à différents stades et l'équipe a ainsi montré que l'absence totale de *INI1* était létale. Les embryons survivent et se développent normalement jusqu'au stade blastocyste et meurent peu après l'implantation au jour 6,5, juste avant la gastrulation. Les cellules ont été mises en culture et des expériences de TUNEL (TdT-mediated dUTP-biotin Nick End Labeling) ont montré qu'elles entament un processus apoptotique. INI1 serait donc nécessaire aux stades précoces du développement embryonnaire. Il est probable que les embryons arrivent à survivre grâce à la protéine d'origine maternelle jusqu'à un certain stade à partir duquel la protéine embryonnaire deviendrait indispensable.

124 souris hétérozygotes *ini1*+/- ont été étudiées sur le long terme. 32% ont développé des tumeurs avant 15 mois indépendamment du sexe et du fond génétique. Ces tumeurs présentaient différentes localisations, principalement intracraniales (30%) et paravertébrales (27%). L'analyse histologique a montré que ces cellules indifférenciées présentent des caractéristiques rhabdoïdes (cellules polygonales ou en fuseau, cytoplasme éosinophile positif pour le marqueur vimentine, noyaux larges et souvent multinucléés). La protéine INI1 n'a pas été retrouvée exprimée dans ces différentes tumeurs suggérant une perte d'hétérozygotie au locus et une implication essentielle de *INI1* dans le processus oncogénique.

L'équipe de Roberts (Roberts et al., 2000) a procédé à l'inactivation de l'exon 1 de *INI1* par insertion de la cassette néomycine, dans deux souches indépendantes de souris. Comme dans la première étude, les souris homozygotes mutantes n'ont jamais été observées et il a été montré qu'elles sont décédées avant la gastrulation et l'organogenèse. Les souris *ini1*+/- naissent à une fréquence attendue et semblent avoir une morphologie et une fertilité normales. Les premières tumeurs ont été observées chez certains animaux dès le 5° mois. A 8 mois, 8 souris sur 125 présentent des tumeurs des tissus mous de la tête ou de la cage thoracique. Ces tumeurs ont une croissance rapide et métastasent au niveau des poumons et des ganglions lymphatiques dans 5 de ces souris. L'analyse histologique montre des cellules en fuseau, ayant un noyau vésiculé un nucléole large et des inclusions dites « rhabdoïdes » hyalines dans le cytoplasme. Ces tumeurs n'expriment pas INI1 et semblent toutes aussi agressives que les tumeurs rhabdoïdes humaines.

La troisième équipe qui a invalidé le gène *INI1* a inséré une cassette β-Galactosidase dans l'intron 3, en rajoutant des sites accepteur et donneur d'epissage et une succession de codons Stops, ce qui permet d'exprimer sous contrôle du promoteur de *INI1* une protéine de fusion tronquée (**fig.17**) (Guidi et al., 2001). Comme l'ont montré les équipes précédentes, l'invalidation de *INI1* conduit à une létalité embryonnaire précoce, qui ici, se manifeste au jour 3,5 post coïtum où les blastocystes ne s'implantent pas dans la muqueuse utérine. Parmi les 129 souris *ini1+/-*, 15% ont développé des tumeurs au niveau de la tête, du cou et de la face. INI1 présente une expression très élevée au niveau fronto-nasal et maxillaire or la majorité des tumeurs se développent au niveau de la face.

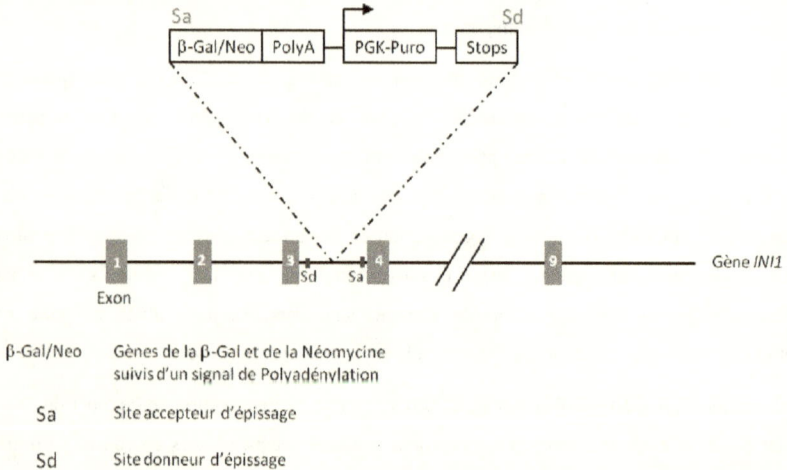

Fig. 17: Inactivation de *INI1*... stratégie de Guidi et al.

Cette construction s'insérant au locus du gène *INI1* permet l'intégration de la β-Galactosidase comme un exon grâce aux sites donneurs et accepteurs d'épissage et l'expression d'une protéine de fusion INI1-β-Gal, sous contrôle du promoteur de *INI1*.

Ces résultats reproductibles d'invalidation de *INI1*, montrent l'absolue nécessité de *INI1* pour la viabilité cellulaire aux stades précoces du développement. L'inactivation de *INI1* conduit à plus ou moins long terme, à une perte d'hétérozygotie déclenchant un développement de tumeurs autour de 5 à 15 mois, délai dépendant de l'approche utilisée et des variations subtiles du fond génétique. On remarque que ces tumeurs présentent les caractéristiques des tumeurs rhabdoïdes malignes décrites chez l'homme. Des différences sont toutefois à noter au niveau de la pénétrance et de la localisation de ces tumeurs. Chez l'homme, ces tumeurs touchent essentiellement le nouveau né, ont une pénétrance complète et se localisent principalement au niveau du rein et du système nerveux central. Chez la souris, elles surviennent chez 15% des adultes et aucune localisation rénale n'a été décrite, même microscopique. La susceptibilité à la perte de fonction de *INI1* pourrait être espèce dépendante ou peut-être existe-t-il des différences entre espèces au niveau des voies de régulation de la croissance cellulaire qui seraient tissus spécifiques. On peut également supposer que les remaniements génétiques qui touchent le gène *INI1* sont plus rapides chez l'homme, dus à la grande instabilité chromosomique associée au chromosome 22 tandis que chez la souris (*INI1* localisé sur le chromosome 10), ces évènements surviennent plus tardivement (Rousseau-Merck et al., 2005).

Il est à noter que les souris homozygotes mutantes *brg1-/-* meurent sensiblement au même stade embryonnaire que les souris *ini1-/-*. Cette mort pourrait être due à l'absence de fonction des complexes SWI/SNF. Ainsi, malgré la présence de différents complexes de remodelage de la chromatine, SWI/SNF semblerait avoir un rôle essentiel et non redondant pendant le développement embryonnaire. Ceci dit, l'inactivation de *INI1* conduit à une mauvaise régulation transcriptionnelle dans certains lignages cellulaires différents de ceux observés lors de l'inactivation de *BRG1*, ce qui n'exclut pas des rôles potentiels de INI1 indépendants du complexe SWI/SNF.

- *Invalidation conditionnelle de INI1* (**fig.18**)

Comme l'ont montré les trois études de l'inactivation constitutive de *INI1* présentées précédemment, l'invalidation homozygote de *INI1* entraîne une létalité précoce embryonnaire qui empêche toute analyse de la perte de fonction de *INI1* à des stades plus tardifs du développement ou même adultes. L'équipe de S.H. Orkin a donc mis au point une technique d'invalidation conditionnelle de *INI1* pour palier à ce problème (Roberts et al., 2002). Ils ont décidé d'utiliser une Mx-Cre pour essayer de détourner la mort embryonnaire due à l'absence de INI1. Dans cette construction, l'expression de Cre est sous le contrôle du promoteur inductible de Mx, gène sensible à l'administration d'un inducteur synthétique de l'interféron, le polyI/polyC (qui mime l'infection virale). Elle ne s'exprime pas spécifiquement dans le cerveau mais est très fortement exprimée au niveau de tous les tissus hématopoïétiques (foie, thymus, rate, moelle osseuse) et plus faiblement au niveau des autres tissus. Les souris *ini1$^{flox/-}$* + *Mx-Cre* traitées, à la naissance ou au stade d'adultes, pendant une à 3 semaines par le polyI/polyC meurent dans 90% des cas d'hémorragies intestinales et d'une déficience importante en cellules hématopoïétiques. Les 10% restantes meurent dans les 4 semaines qui suivent. L'expression de INI1 de façon constante serait donc nécessaire à la survie tant des nouveaux-nés que des adultes. De plus, elle serait essentielle au maintien des cellules hématopoïétiques dans la moelle osseuse.

72

Pour essayer de diminuer la pénétrance de la perte de *INI1* dans différents tissus et de contourner la létalité, les auteurs ont mis au point un système d'inactivation par inversion qui survient de façon aléatoire dans certaines cellules. En utilisant une Cre exprimée dans 100% de cellules, tous types cellulaires confondus grâce au promoteur de *Gata1*, ils ont ainsi généré des souris qui portent une délétion d'un des allèles de *INI1* et une inactivation inductible de l'autre allèle qui survient dans 50% des cellules de l'organisme. Les souris $ini1^{inv/inv}$, en absence d'expression de la Cre semblent tout à fait normales. Le génotype $ini1^{inv/-}$ + *Gata1-Cre* est embryonnaire létal, ce qui suggère que la perte de 50% de l'expression de *INI1* au cours du développement embryonnaire est incompatible avec la survie cellulaire. Les souris $ini1^{inv/-}$ + *Mx-Cre* traitées pendant 4 semaines au polyI/polyC développent des tumeurs dans 100% des cas avec un délai médian de 11 semaines. Parmi les 28 souris générées, 20 souris avaient des tumeurs de type lymphomes de cellules T CD8+ matures et 3, des tumeurs de type rhabdoïde. La majorité des cellules issues de ces tumeurs ont un gène *INI1* sous forme inversée, donc inactive. Les autres tissus, n'ayant pas développé de tumeurs, portent le gène $ini1^{inv}$ non inversé et fonctionnel.

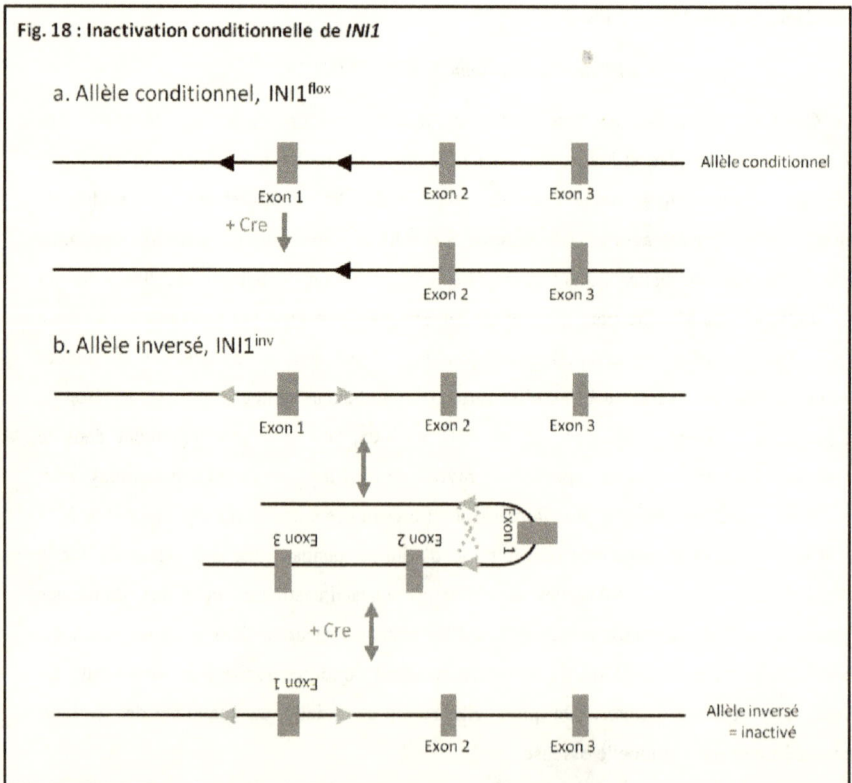

Fig. 18 : Inactivation conditionnelle de *INI1*

a. Allèle conditionnel, INI1^{flox}

b. Allèle inversé, INI1^{inv}

On observe ici que l'inactivation de *INI1* conduit au développement de deux types de tumeurs. Lors de l'inversion induite, l'observation de tumeurs type rhabdoïdes se fait à la même fréquence (10 à 15%) que pour les souris hétérozygotes mais avec une différence au niveau de l'âge médian de survenue. Les tumeurs observées sont majoritairement des lymphomes, ce qui pourrait s'expliquer par la forte activité de la Mx-Cre induisant l'inactivation allélique au niveau du tissu lymphoïde.

Pour conclure, le gène suppresseur de tumeur *INI1* est essentiel à la survie de la plupart des cellules normales. Comparé aux autres gènes suppresseurs identifiés et inactivés dans des modèles murins, *INI1* peut être considéré comme le plus puissant connu à ce jour. En effet, l'inactivation conditionnelle de *INI1* conduit, dans 100% des souris à un développement tumoral avec un âge médian de 11 semaines. Or la déficience d'autres suppresseurs entraîne le développement de tumeurs en 20 semaines pour *p53*, en 38 semaines pour *p19^{arf}*, en 60 semaines pour *p16*, et aucune tumeur n'a été observée suite à la perte de fonction de *p21*. La perte de fonction de *Rb* conduit à une létalité embryonnaire mais à l'état hétérozygote les souris ne développent des tumeurs qu'au bout de 45 semaines, ou 17 semaines si cette mutation est couplée à une perte de fonction de *p53*.

Cette étude basée sur un ingénieux système permet donc de consolider le rôle du gène suppresseur de tumeur *INI1*, qui en plus est indispensable à la viabilité cellulaire quel que soit le stade de développement.

b3. Invalidation des autres sous-unités

• Srg3, homologue de BAF155

MOIRA est l'homologue de drosophile des deux protéines BAF155 et BAF170 humaines. Sa perte de fonction est létale. Chez la souris, l'homologue de *MOIRA* se nomme *Srg3* (pour **SWI3**-**r**elated **g**ene) et ressemble d'avantage à BAF155 ; il appartient également au complexe SWI/SNF murin. Au cours du développement embryonnaire, ce gène montre le même profil d'expression spatio-temporelle que le gène *BRG1*, avec une forte expression au niveau du thymus et du cerveau dès les premiers stades de développement. L'invalidation constitutive du gène *Srg3* entraîne une létalité précoce dès le jour 7,5 de gestation (Kim et al., 2001). La mise en culture de cellules issues de ces embryons ne montre pas un taux anormal d'apoptose, d'autant que ces cellules sont capables d'induire une différenciation trophoblastique. Les souris hétérozygotes *srg3+/-* présentent, dans 20% des cas, une exencéphalie. Ces phénotypes sont très proches de ceux observés lors de l'inactivation du gène

BRG1. Ainsi, l'inactivation de *Srg3*, chez la souris, a un impact au cours de la phase préimplantatoire du développement embryonnaire, équivalent à celui de la perte de fonction de BRG1. Ces observations, bien qu'importantes, ne sont pas très surprenantes dans la mesure où toutes ces protéines appartiennent au même complexe de remodelage de la chromatine.

- *BAF180 et BAF250*

L'invalidation constitutive de BAF180 a fait l'objet d'une étude par l'équipe de Wang en 2004. L'inactivation hétérozygote est viable et les adultes ne présentent aucun phénotype particulier (Wang et al., 2004c). Aucun embryon homozygote pour l'invalidation de BAF180 n'a dépassé le stade jour 15,5 de la gestation. Au jour 12,5, les embryons développent un œdème cutané généralisé qui est le signe d'un défaut du système de circulation dû à une insuffisance cardiaque. Par ailleurs, tous les autres organes présentent un développement normal. Toutefois, l'analyse des placentas montre un défaut du trophoblaste qui limite les échanges sanguins maternaux-fœtaux. Ce phénotype étant similaire à celui observé lors des invalidations des gènes *RXRα* et *PPARγ*, l'équipe s'est interrogée sur un éventuel rapprochement. L'analyse de puces affymétrix comparant l'expression génique des souches sauvage ou homozygote mutante pour *BAF180* a montré que BAF180 régulait directement l'expression de gènes dont les produits sont impliqués dans les voies de signalisation associées à l'acide rétinoïque. BAF180 s'associe directement aux promoteurs de RARβ2 et de CRABPII. Ainsi BAF180 serait directement impliqué dans la transcription de certains gènes cibles de l'acide rétinoïque et les défauts cardiaques des embryons homozygotes mutants seraient au moins en partie dus à l'interruption des voies de signalisation de l'acide rétinoïque.

Cette même équipe a également testé l'invalidation de la sous-unité spécifique du complexe BAF, *BAF250* et il semblerait que le phénotype observé soit encore plus sévère que celui associé à l'inactivation de *BAF180*, avec notamment un défaut de fermeture du tube neural et une létalité.

Pour résumer cette partie, chez la souris, l'inactivation de BRG1 (membre des complexes BAF et PBAF) conduit à une létalité embryonnaire péri-implantatoire. L'inactivation des autres membres du core complexe, INI1 et BAF155, cause également une létalité précoce respectivement aux jours 6,5 et 7,5. De manière intéressante, inactiver une sous-unité spécifique des complexes BAF (protéine BAF250) ou PBAF (protéine BAF180) peut également conduire à une létalité embryonnaire. Les stades auxquels survient cette létalité varient donc probablement en fonction de la nécessité de l'un ou l'autre des complexes, qui ne sont pas totalement redondants, comme le montrent part exemple les expériences concernant les sous-unités ATPasiques. Les complexes BAF et PBAF ont des fonctions et des cofacteurs différents mais ont tous deux une implication importante au cours du développement embryonnaire, notamment pour la fermeture du tube neural.

Les présentations touchent à leur fin…

Toutes les sous-unités des complexes SWI/SNF ont été détaillées ainsi que leur assemblage en complexes et leurs fonctions principales décrites dans la littérature. Les modèles d'inactivation de ces sous-unités dans les différentes espèces modèles montrent un rôle essentiel de ces protéines, particulièrement au cours du développement embryonnaire.

Les expériences d'invalidation chez la souris ont montré également une forte association entre la perte de fonction de certaines sous-unités et le développement tumoral. Cette association n'est pas spécifique de la souris et nous allons maintenant voir dans le chapitre suivant, que chez l'homme aussi, il existe un lien direct entre les sous-unités du complexe SWI/SNF et le cancer.

CHAPITRE III   SWI/SNF et Cancer

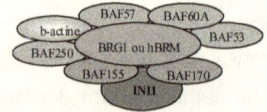

Nous avons vu que les complexes SWI/SNF de mammifères jouent un rôle prépondérant dans la régulation du cycle et de la différenciation cellulaire. Or la dérégulation de ces processus est une étape importante lors de la cancérogénèse. Les différents membres de ces complexes pourraient donc représenter des cibles idéales de mutations au cours de certains processus oncogéniques. D'autre part, l'étude des formes mutantes et de la réexpression de ces protéines dans les cellules déficientes est essentielle pour mieux comprendre leur mécanisme d'action, et donc leur rôle spécifique dans les différents processus cellulaires pour lesquels leur intégrité est indispensable.

Dans ce chapitre, je présente des tumeurs associées à la perte de fonction des sous-unités principales du complexe SWI/SNF, telles INI1 et les ATPases BRG1 et hBRM, mais également à celles d'autres membres du complexe tels que les protéines BAF155, BAF180 et BAF250. Ensuite, j'ai choisi dans la littérature quelques associations indirectes via les interactions du complexe avec des protéines dérégulées lors de processus oncogéniques.

1.   Altérations du complexe SWI/SNF et Cancer

a.   INI1 et tumeurs rhabdoïdes

a1. Aspects cliniques et histopathologiques

La première description des tumeurs rhabdoïdes remonte à 1978, avec Beckwith et Palmer qui s'intéressent aux tumeurs de Wilms. Cette tumeur également appelée nephroblastome a pour origine le blastème néphrogénique (McMaster et al., 1995) et est de bon pronostic car sensible à la chimiothérapie et à la radiothérapie. Les auteurs décrivent alors des tumeurs rénales qui seraient une variante agressive de la tumeur de Wilms. En 1981, Haas décrit d'autres tumeurs rénales qui auraient une origine neuro-ectodermale et qui ressemblent histologiquement à des rhabdomyosarcomes auxquels il manquerait l'ultrastructure rhabdomyoblastique : les tumeurs rhabdoïdes malignes (TRM) du rein. A l'époque, la difficulté de diagnostic reposait essentiellement sur la caractérisation de ces tumeurs.

Contrairement aux nephroblastomes, les TRM sont de très mauvais pronostic car elles sont résistantes aux différents traitements (radiothérapie et chimiothérapie), et métastasent rapidement au niveau des tissus mous. Ces tumeurs sont de type indifférencié, ce qui va probablement de paire avec leur caractère agressif. Les cellules sont très arrondies, leur cytoplasme présente des inclusions hyalines éosinophiles caractéristiques, le noyau est souvent excentré avec une chromatine vésiculée et un nucléole proéminent, souvent multiple. Le marqueur principal est l'inclusion cytoplasmique constituée de filaments de diamètres variables visibles en microscopie électronique. Ces filaments composés essentiellement de vimentine, mais aussi d'actine, de l'antigène épithélial des membranes (EMA) et de kératine, forment des spirales concentriques qui permettent de distinguer ces tumeurs d'autres tumeurs rénales. Les TRM sont les tumeurs rénales les plus agressives et se manifestent au cours de la première année de vie (âge médian du diagnostic : 11 mois) avec une légère prédominance masculine. Les cas d'enfants âgés de plus de 5 ans restent rares.

Tableau 3 : Lignées rhabdoïdes disponibles au laboratoire, localisation et caractérisation de leurs mutations

Nom de la lignée	Age au diagnostic (mois)	localisation	Analyse des ARN et ADN			
			Lignées cellulaires		Tumeur primaire	constitutionnel
			Allèle 1	Allèle 2		
DL	14	poumon	délétion	délétion	-	2 allèles
LP	12 ans	rein	47 TAC/TAA	délétion	idem	2 allèles, séq. normales
WT	21	rein	317, délétion 1pb	délétion	idem	2 allèles, séq. normales
MT	1	tissu mou	31, insertion 72 pb, codon stop en phase	délétion	idem	2 allèles, séq. normales
G401	3	rein	délétion	délétion	-	-
MON	6	abdomen	délétion	délétion	-	2 allèles
TM	21	rétropéritoine	délétion	délétion	-	-
2004	6	rein	258, délétion 13pb, insertion 2pb	délétion	idem	2 allèles, séq. normales
1783	6	rein	aucune altération identifiée	aucune altération identifiée	-	-
KD	11	abdomen	délétion des exons 4 et 5	délétion	-	-
LM	8	foie	délétion	délétion	-	-
Wa2	17	intraspinal	196, duplication 17pb	délétion	-	-
AD	7	abdomen	37, délétion 19pb	délétion	-	-

D'autres localisations ont été mises en évidence pour les TRM. Les tumeurs extra-rénales touchent principalement le système nerveux central et les tissus mous. Les tumeurs rénales sont associées, dans 15% des cas, au développement d'une tumeur cérébrale diagnostiquée comme une tumeur centrale d'origine neuroectodermique primitive (cPNET) ou un medulloblastome (PNET du cervelet). Elles surviennent principalement chez des nouveaux nés mais quelques cas chez des adultes ont été décrits (Leong and Leong, 1996; Lutterbach et al., 2001). Les principales, les tumeurs rhabdoïdes tératoïdes atypiques (AT/RT), localisées au cerveau, sont généralement pédiatriques avec un âge médian au diagnostic de 16,5 mois. Très souvent diagnostiquées initialement comme des cPNET ou des medulloblastomes, elles sont en majorité non associées à une tumeur primaire rénale. C'est essentiellement dans ce groupe de tumeurs que le diagnostic de TRM est le plus difficile.

Les tumeurs extrarénales et extracérébrales ont un âge au diagnostic beaucoup plus variable et se localisent indifféremment au niveau de l'abdomen, du foie, mais aussi de la peau, de la surface mucosale, du thymus, des glandes salivaires mineures, du cœur, des poumons, du tractus gastro-intestinal, de l'utérus, de la vessie et de la prostate (Wick et al., 1995).

Ces différentes localisations ont suscité des discussions quant à la nature des tumeurs rhabdoïdes en tant qu'entité particulière, comme phénotype rattaché à une évolution tumorale hautement agressive (Wick et al., 1995). La question reste actuellement ouverte dans la mesure où l'origine embryonnaire des TRM reste inconnue à ce jour. Diverses hypothèses ont été émises, origine musculaire, épithéliale, mésenchymateuse, neurale et neuro-épithéliale mais aucune n'explique l'ensemble des caractéristiques des différentes tumeurs rhabdoïdes décrites.

a2. Aspects cytogénétiques et moléculaires

Les TRM sont des tumeurs de caryotypes relativement peu remaniés. La seule anomalie récurrente touche le chromosome 22 aboutissant à des translocations apparemment équilibrées impliquant différents partenaires (Misawa et al., 2004) ou à des monosomies complètes ou partielles de ce chromosome.

Plusieurs travaux de biologie moléculaire ont été initialement entrepris dans le but de mettre en évidence le rôle d'un gène suppresseur de tumeur dans la genèse des TRM (Biegel et al., 1996; Schofield et al., 1996). En 1998, au laboratoire d'O.Delattre, à la suite de l'étude d'une translocation (1 ;22) (Rosty et al., 1998), l'analyse de 13 lignées issues de tumeurs rhabdoïdes a permis d'identifier la région minimale de délétion de la bande q11.2 du chromosome 22 sur 150 kb, contenant le gène *INI1* (tableau 3). Cette région chromosomique semble particulièrement instable par la présence de nombreuses séquences répétées, favorisant les délétions-mutations et autres remaniements chromosomiques. Le séquençage de l'ADN tumoral a démontré l'existence possible de différentes mutations dans les différents exons et les introns de *INI1* telles que des délétions, des pertes de sites d'épissage, des mutations non sens au sein du cadre de lecture ou des insertions entraînant un décalage de phase (Versteege et al., 1998). Généralement, la perte d'un allèle de *INI1* est associée à une mutation sur l'autre allèle, conduisant à une perte totale de fonction de INI1. Ces mutations ont également été retrouvées dans les tumeurs primaires correspondant à chaque lignée étudiée, mais pas au niveau constitutionnel, lorsque cela a été testé.

En 1999, une recherche d'altérations du gène *INI1* a été menée sur 229 tumeurs d'origine diverses dont des tumeurs rhabdoïdes rénales, extrarénales et de type AT/RT, mais également sur d'autres tumeurs présentant une délétion du chromosome 22 telles que les cPNET, les médulloblastomes, les carcinomes des plexus choroïdes, les glioblastomes et les papillomes atypiques des plexus choroïdes, les neuroblastomes et les cancers du sein (Sevenet et al., 1999a). Une mutation de *INI1* a été retrouvée dans 80% des tumeurs rhabdoïdes et des mutations ont été décrites dans quelques cPNET, carcinomes des plexus choroïdes et médulloblastomes. Ces données ont donc permis de définir la présence de cette mutation comme l'élément significatif de diagnostic de TRM, applicables également aux cas difficiles. Pour les quelques tumeurs hétérogènes précitées, on ne peut exclure un diagnostic initial érroné du fait de la difficulté d'identification des tumeurs rhabdoïdes parmi les tumeurs cérébrales pédiatriques sur les seuls critères anatomopathologiques ou immunohistochimiques. De même, cette caractéristique des TRM rénales permet de les différencier de la tumeur de Wilms ou des rhabdomyosarcomes puisque seules les TRM ont une mutation du gène *INI1* (DeCristofaro et al., 1999).

Des cas familiaux ont été décrits avec des tumeurs de localisation diverse chez un même individu ou au sein d'une même fratrie. Des mutations constitutionnelles de *INI1* ont été observées dans certaines de ces familles, définissant un nouveau syndrome de prédisposition au cancer (Biegel et al., 1999; Sevenet et al., 1999a; Sevenet et al., 1999b). Ce syndrome est de forte pénétrance puisque les premières néoplasies surviennent avant 3 ans chez les porteurs de la mutation. Les parents ou les autres membres sains de la famille ne portant pas la mutation, la perte de fonction de *INI1* chez les malades serait due à des mutations *de novo* apparaissant, soit pendant l'ovogenèse ou la spermatogenèse avec un mosaïcisme germinal, soit au niveau post-zygotique, au cours des premières étapes de l'embryogenèse.

Il est à noter que la position des mutations au sein du gène n'est pas corrélée avec le type de tumeurs ou leur localisation. Cependant il semblerait que les mécanismes chromosomiques conduisant à l'inhibition de ce gène suppresseur de tumeurs pourraient être tissus spécifiques ou tumeurs spécifiques. En effet, la majorité des TRM extracérébrales et extrarénales présentent des délétions homozygotes de *INI1* tandis que les tumeurs cérébrales seraient liées à des mutations ponctuelles associées à des monosomies du chromosome 22 (Rousseau-Merck et al., 1999 et 2005).

Les TRM seraient donc une entité génétiquement homogène caractérisée par des mutations de INI1 (Sevenet et al., 1999a). Ainsi les mutations de *INI1* définissent un spectre de tumeurs hautement malignes de la petite enfance qui montrent majoritairement un phénotype rhabdoïde. La mutation du gène *INI1* permettrait donc de consolider le diagnostic d'une tumeur rhabdoïde, actuellement difficile à établir, surtout au niveau cérébral. Il reste tout de même à définir si la classification en tumeurs rhabdoïdes englobe toutes les tumeurs présentant une mutation de *INI1* en tant qu'évènement génétique commun. Dans ce cas, cette classification inclurait une partie des cPNET, medulloblastomes et carcinomes des plexus choroïdes peut-être mal identifiés au préalable, comme le supposent Sévenet et *al.*. Cependant certains auteurs estiment que cette mutation pourrait survenir en événement secondaire associé à d'autres mutations dans d'autres types de tumeurs telles que des lymphomes non hodgkiniens (mutations faux sens de *INI1*) (Yuge et al., 2000) ou des sarcomes épithelioïdes (mutations non sens) (Modena et al., 2005).

Pour finir, il est intéressant de se pencher sur les 20% des tumeurs rhabdoïdes ne présentant aucune altération de INI1 au niveau génomique. Des travaux ont montré dans certains cas une diminution de la quantité d'ARN messager ou de la protéine INI1. Une hyperméthylation de promoteurs de différents gènes a déjà été décrite comme par exemple pour p16^{INK4} dans 48% des tumeurs du poumon ou 40% des tumeurs du sein, cependant une telle hypothèse a été réfutée pour le promoteur de *INI1* (Zhang et al., 2002a). En effet, l'analyse de l'ADN de 24 tumeurs portant ou non une mutation de *INI1* n'a révélé aucune méthylation aberrante ni de mutations de la région promotrice de ce gène. Pour ce groupe de tumeurs, on peut donc supposer que *INI1* soit inactivé par des modifications post-transcriptionnelles ou post-traductionnelles. On peut également imaginer qu'un autre locus différent de celui de *INI1* soit impliqué dans le processus oncogénique, codant par exemple un cofacteur essentiel de INI1 ou pourquoi pas une protéine impliquée dans une voie différente.

b. Les ATPases BRG1 et hBRM peuvent être mutées dans certains cancers

Nous avons déjà vu que les ATPases BRG1 et hBRM présentent 75% d'identité (86% d'homologie) au niveau de leur séquence protéique, et qu'au sein du complexe SWI/SNF, elles sont exclusives et présentent, de nombreuses fonctions communes, tout en n'étant pas redondantes.

En 1993, l'équipe de Moshe Yaniv a identifié deux lignées cellulaires qui présentaient une absence d'expression de hBRM, la lignée SW13 issue d'un carcinome du cortex surrénalien et la lignée C33A issue d'un carcinome du col. La réexpression de hBRM dans ces cellules conduit pour chacune à un arrêt du cycle, résultat qui montre une liaison entre la prolifération cellulaire de ces cellules et la perte d'expression de cette protéine. En 1994, Dunaief et al. ont montré une interaction entre BRG1 et la protéine Rb du rétinoblastome, interaction nécessaire à l'arrêt du cycle médié par Rb et conduisant à la formation de « flat cells », prémisses d'une explication de la cancérogénèse liée à l'absence d'expression de l'une des ATPases (Dunaief et al., 1994).

En 2000, le criblage d'une série de lignées issues de tumeurs d'origines diverses a permis d'identifier des délétions homozygotes de la partie C-terminale de BRG1 dans deux lignées de carcinomes, l'un de la prostate, TSU-PR1 et l'autre du poumon, A-427 (Wong et al., 2000). Des inactivations bialléliques (décalage de phase et mutation non sens) de *BRG1* ont été retrouvées dans quatre autres lignées dérivées de carcinomes du sein, du poumon, du pancréas et de la prostate. D'autres lignées présentent des mutations de BRG1 dans des domaines d'interaction avec d'autres protéines du cycle telles que la Cycline E (Shanahan et al., 1999). Ces mutations de BRG1 la rendent non fonctionnelle. La recherche de mutations en 19p, locus de *BRG1* dans des tumeurs primaires du poumon présentant une perte d'hétérozygotie et l'analyse de la méthylation du promoteur ont identifié des mutations principalement dans le domaine ATPase mais pas d'hyperméthylation des séquences promotrices (Medina et al., 2004).

On peut souligner que de nombreuses lignées cumulent une inactivation de BRG1 et la perte d'expression de hBRM, telles les lignées SW13 et C33A, très couramment utilisées. Comme ces deux protéines appartiennent à des complexes SWI/SNF différents (BAF et PBAF), on peut donc supposer que pour inhiber l'ensemble des complexes, l'inactivation des deux ATPases ait été sélectionnée. Un marqueur de cette inhibition est l'expression d'une glycoprotéine membranaire, CD44 qui voit son expression abolie en absence des ATPases. La réexpression ectopique de BRG1 ou hBRM dans ces deux lignées entraîne un arrêt du cycle via la voie Rb, la formation de « flat cells », une inhibition de l'expression de la Cycline A et une augmentation de l'expression de la protéine CD44 (Reisman et al., 2002). Tous ces résultats suggèrent donc un rôle de suppresseur de tumeur pour BRG1 et hBRM qui agirait essentiellement au niveau de la prolifération cellulaire.

L'étude de 60 tumeurs primaires du poumon (adénocarcinomes et carcinomes squameux) a montré une perte d'expression concomitante de BRG1 et hBRM dans 10% des cas (Reisman et al., 2003). Les patients dont les carcinomes n'expriment aucune des deux protéines ont une probabilité de survie largement inférieure à celle des patients qui les expriment. Une étude récente sur ces mêmes types cellulaires a confirmé ces observations, montrant une corrélation entre la survie à 5 ans et la coexpression des protéines hBRM et BRG1. La présence des deux ATPases localisées dans le noyau et l'absence d'une forme altérée membranaire de hBRM sont de bons marqueurs pronostic d'évolution positive (Fukuoka et al., 2004).

Au cours d'une étude très originale, Hendricks et collaborateurs ont analysé la réexpression de BRG1 dans un système particulier (Hendricks et al., 2004), la lignée cellulaire ALAB. Elle est issue d'une tumeur du sein et présente une mutation caractéristique dans l'exon 10 de BRG1, mutation créant un codon stop prématuré et donc l'absence d'une protéine BRG1 fonctionnelle. La réexpression de BRG1 dans ces cellules entraîne une augmentation de l'expression de hBRM. Cette compensation n'a été observée que dans ce système. Ces résultats orientent vers une « trans-régulation » de l'expression de hBRM par BRG1 dépendant du type cellulaire. De plus, cette observation renforce l'idée d'une spécificité de fonction de ces deux protéines associée à des interactions protéines-protéines.

En dépit des quelques exemples relatés ici, les mutations inactivatrices identifiées de BRG1 et de hBRM restent des cas rares, indiquant que la perte de fonction des ATPases du complexe SWI/SNF n'est pas un outil avantageux pour le développement tumoral (ce qui, somme toute, se comprend très bien dans la mesure où les complexes SWI/SNF exercent de nombreuses fonctions diverses et variées).

Il est intéressant de noter que de nombreuses lignées rhabdoïdes (Mon, G401, DL, LP) ont une expression de hBRM très faible voire absente, malgré l'absence de mutation au locus de hBRM (Muchardt and Yaniv, 2001) et sans aucune atteinte de BRG1. Ce sont les fonctions de INI1 qui sont spécifiquement perdues dans les tumeurs rhabdoïdes qui ne sont donc pas entièrement redondantes avec le complexe SWI/SNF.

c. Inactivation des autres membres du complexe

c1. BAF 155

Chez l'homme, aucune étude n'a montré de mutations ou de délétions spécifiques du gène *BAF155* impliquées dans un processus oncogénique. Mais le locus de *BAF155*, en 3p21-p23, appartient à une zone chromosomique retrouvée délétée dans de nombreux adénocarcinomes du sein, du rein, du pancréas et des ovaires (Decristofaro et al., 2001).

De manière surprenante, la lignée A427 issue d'un carcinome pulmonaire, présente à la fois une délétion homozygote de *BRG1* et une absence d'expression de hBRM et de BAF155. Cette observation pose la question de l'intérêt d'inhiber autant de membres du complexe dans un processus oncogénique.

Les processus tumoraux conduisent souvent à la mutation de la voie Rb provoquant ainsi la dérégulation de la prolifération cellulaire. La mutation de hBRM et de BRG1 ou l'association avec une mutation de BAF155 revient à muter la voie Rb. Cette hypothèse n'est pas dénuée de sens à moins que BAF155 ne soit impliquée dans un autre processus, indépendant de SWI/SNF.

c2. BAF 180 et BAF 250

Des mutations troncantes du gène *BAF180* (ou PB1, pour Polybromo1) ont été identifiées dans 5% des tumeurs du sein. La protéine BAF250 n'est pas exprimée dans la lignée C33A, n'exprimant ni BRG1, ni hBRM et dans la lignée T47D issue d'une tumeur du sein. Une récente étude menée sur 241 tumeurs d'origines différentes a montré que l'expression de BAF250 était plus fréquemment perdue que celle de BRG1, avec des taux variables selon les tissus touchés (Wang et al., 2004b). La déficience de BAF250 serait plus fréquente dans les carcinomes du sein et surviendrait dans 30% des carcinomes rénaux.

Ces deux sous-unités pourraient donc avoir un lien avec la cancérogénèse, mais non encore publié à ce jour.

Pour les autres protéines BAF, le lien avec l'oncogenèse est lointain. Il ne suffit pas d'être impliqué dans la prolifération ou dans la réponse à certaines hormones pour accéder au rang de pro ou anti oncogène. La preuve, par exemple les sous-unités BAF53 et BAF57, pourtant respectivement essentielles à la viabilité cellulaire (Choi et al., 2001) et au ciblage du complexe sur certains promoteurs comme celui de CD4 (Chi et al., 2002; Wang et al., 1998; Zhao et al., 1998), aucune sélection de mutation de ces deux gènes n'est décrite. Une récente étude a montré que la transactivation transcriptionnelle médiée par le récepteur aux androgènes dépendait, dans les cellules issues d'un adénocarcinome de la prostate, d'une protéine BAF57 fonctionnelle (Link et al., 2005). Ainsi, BAF57 recruterait spécifiquement le complexe SWI/SNF aux promoteurs cibles du récepteur aux androgènes, complexe contenant préférentiellement l'ATPase hBRM (Marshall et al., 2003). Mises à part ces études fonctionnelles, aucune mutation de BAF57 n'a été décrite dans des lignées cellulaires.

2.   Autres liens avec le cancer...

L'implication de SWI/SNF dans la régulation de différents processus cellulaires fait de ses composants une cible privilégiée d'inactivations favorisant le développement de processus oncogéniques. D'autres évènements permettent d'associer le complexe SWI/SNF au cancer. Les mutations de certaines de ses protéines partenaires peuvent entraîner l'implication indirecte du complexe SWI/SNF dans des processus tumoraux différents.

a. **ALL-1/MLL**

La liaison de INI1 avec ALL-1 et avec toutes les différentes protéines de fusion dont elle fait partie, est un bon exemple de relation entre le complexe SWI/SNF et le cancer. ALL-1 est capable de recruter SWI/SNF par sa liaison directe à INI1, liaison perdue dans les protéines de fusion. Mais la fusion [ALL-1/ENL] peut toujours recruter le complexe via ENL car il fait partie intégrante de certains complexes (Nie et al., 2003). Ce recrutement permet une activation aberrante de la transcription du gène HOXA7 dont le produit est essentiel à l'activité oncogénique liée à ALL-1/ENL. Comme autre exemple, ALL-1 fusionnée dans un contexte tumoral interagit avec GADD34 et est capable d'inhiber la voie apoptotique activée par le facteur GADD34 via l'interaction avec INI1 qui peut recruter le complexe SWI/SNF.

b. **β-caténine et voie Wnt**

La voie Wnt régule de nombreux gènes impliqués dans la définition du destin cellulaire, dans la prolifération et dans la différenciation. Une expression inappropriée de ces gènes peut activer un processus de tumorigénèse. Chez la drosophile, l'homologue de *Wnt*, *Wg* (Wingless) est un gène de polarisation des segments, intervenant lors du développement embryonnaire et de la mise en place des disques imaginaux. Cette voie nécessite donc une régulation très fine. La **figure 19** représente une voie Wnt simplifiée où figurent les principaux protagonistes.

En absence de signal activant la voie Wnt, la β-caténine (Arm pour Armadillo, chez la drosophile) est maintenue à faible taux dans le cytoplasme par l'activité du complexe Ser/Thr kinase GSK3β, pour glycogène synthase kinase (Shaggy/zeste white 3, Sgg) associée à la protéine Axine (scaffold) et APC. Ce complexe active la dégradation ubiquitine-dépendante de la β-caténine, par le protéasome. La liaison de Wnt à son récepteur transmembranaire Frizzled (Fz) va induire l'activation de Disheveld (Dsh), protéine cytoplasmique capable de fixer et d'inactiver le complexe GSK3β-Axine-APC. La β-caténine libérée, est alors activée et transloquée au noyau où elle peut fixer une des quatre protéines TCF, contenant un domaine HMG. Le duo β-caténine-TCF (Arm/TCF) peut alors se fixer aux séquences des gènes cibles de la voie Wnt via le domaine HMG de TCF, et activer la transcription grâce au domaine transactivateur présent en C-terminal de la protéine β-caténine.

Un répresseur spécifique, Groucho, a en charge d'inactiver la transcription de ces gènes cibles en absence de signal d'activation de la voie. Groucho peut lier les extrémités N-terminales des histones H3 et par le recrutement d'une HDAC, Rpd3, il peut fixer TCF et inhiber la transcription. Chez la drosophile, Osa, membre du complexe Brahma, homologue de BAF250, est antagoniste de la voie Wg puisqu'il est capable d'interagir avec Groucho pour participer à cette répression (Collins and Treisman, 2000). Des travaux ont montré que la perte de fonction de *Osa* entraînait un phénotype proche de ceux observés lors de l'expression ectopique de membres de la voie Wg et également comparable à celui associé à la déficience de *Brm* ou *moira*. Ces résultats impliquent un rôle répresseur du complexe Brm quant à l'expression des gènes cibles de la voie Wg de drosophile. Il a été démontré que la fonction ATPase associée au remodelage de la chromatine était nécessaire à cette répression.

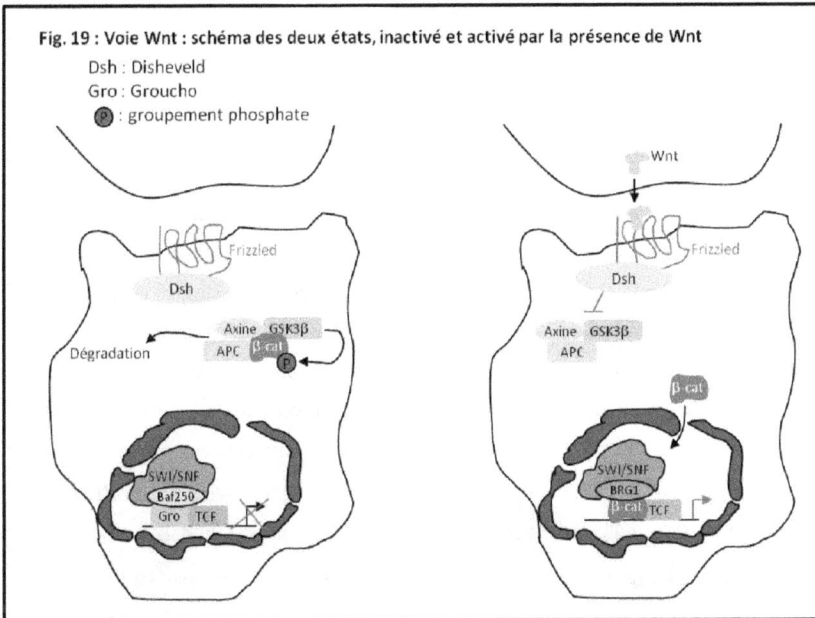

Fig. 19 : Voie Wnt : schéma des deux états, inactivé et activé par la présence de Wnt
Dsh : Disheveld
Gro : Groucho
(P) : groupement phosphate

Lors de son activation et de sa translocation au noyau, la β-caténine est souvent retrouvée associée à p300/CBP qui a une activité histone acétyl-transférase (HAT). Cette association montre que le remodelage est nécessaire au niveau de ses gènes cibles. Une étude a montré que la β-caténine interagissait avec la protéine BRG1 humaine recrutant ainsi le complexe au niveau des promoteurs cibles du couple β-caténine-TCF, facilitant le remodelage de la chromatine prérequis à l'activation de la transcription (Barker et al., 2001).

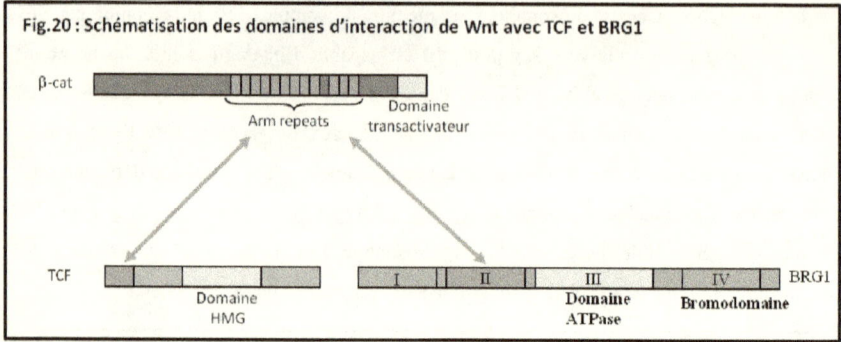

Fig.20 : Schématisation des domaines d'interaction de Wnt avec TCF et BRG1

L'interaction a été confirmée par coimmunoprécipitation et le même type d'expérience a aussi été concluant pour les protéines de drosophile Brahma (Brm) et Armadillo (Arm). La coopération entre BRG1 et β-caténine a été montrée sur des promoteurs chimériques portant des séquences de fixation du TCF, mais également sur des promoteurs endogènes cibles de β-caténine. L'expression d'un dominant négatif de BRG1 inhibe cette transactivation transcriptionnelle de gène rapporteur. Des expériences de génétique chez la drosophile ont confirmé tous ces résultats. Tout d'abord, la surexpression de *arm* entraîne un phénotype mutant caractéristique nommé « rough eye », réversé par une diminution du dosage de *brm*. Ensuite, l'inactivation de *brm* induit un phénotype mutant, défaut du bord des ailes, dû à la déficience de *arm*. De plus, l'effet de l'inactivation de *arm* au niveau de l'aile est accentué chez des hétérozygotes pour les gènes *brm* et *moira*. Ces résultats confirment ceux obtenus avec les protéines humaines BRG1 et β-caténine et montrent une coopération entre le complexe SWI/SNF et la β-caténine pour l'activation de la transcription des gènes cibles de la voie Wnt.

Ces deux études montrent donc une double implication du complexe SWI/SNF dans la régulation des cibles de la voie Wnt. En absence de signal activateur, via l'interaction Osa-Groucho, le complexe SWI/SNF réprime l'expression des gènes cibles. L'activation de la voie Wnt, et donc de la β-caténine, induit sa translocation au noyau. Le complexe BRG1-β-caténine rentre alors en compétition avec les complexes répresseurs Groucho. Il va les déplacer et favoriser l'activation transcriptionnelle des gènes cibles grâce à un remodelage de la chromatine médié par le complexe SWI/SNF. Ainsi, pour un même promoteur, le complexe SWI/SNF peut avoir des fonctions opposées, se définissant selon la protéine de recrutement et la composition du complexe. La régulation fine de toutes les interactions reste à préciser, mais il est possible d'envisager des mécanismes de régulation dépendants de la composition du complexe, de sa structure allostérique ou encore des modifications post-traductionnelles des différentes sous-unités.

c. CD44

La glycoprotéine transmembranaire CD44 est impliquée dans des processus d'adhésion cellules-cellules et cellules-matrice, intervenant dans la croissance cellulaire et les métastases. Différentes protéines CD44 sont produites à partir de différents épissages alternatifs du même pré-ARNm. De nombreuses tumeurs expriment de forts taux de CD44 ou des variants d'épissage non observés dans les cellules normales. La liaison de CD44 à la tumorigénèse est quelque peu intrigante car les différentes observations sont contradictoires. Des tumeurs surexpriment de façon ectopique certaines formes de CD44 associées à une forte capacité métastatique et une prolifération tumorale accrue. CD44 peut même augmenter dans certaines tumeurs quand elles deviennent fortement prolifératives et très invasives. L'activation d'oncogènes cellulaires tels que *v-ras*, *v-src* et *v-fos* entraîne une augmentation de l'expression de CD44 (Hofmann et al., 1993; Lamb et al., 1997). Paradoxalement, de nombreuses tumeurs telles que les carcinomes cervicaux, neuroblastomes, les carcinomes de la prostate, les mélanomes et les carcinomes à petites cellules du poumon, montrent une expression inhibée de CD44 parallèlement à leur progression tumorale. La perte de CD44 dans ces tumeurs augmente leur agressivité, facilite la perte des interactions avec la matrice cellulaire et induit un phénotype métastatique.

Les cellules C33A n'expriment pas les protéines CD44 et BRG1. La fusion de ces cellules avec des cellules SAOS-2, p53 déficientes, induit l'expression de CD44 (Strobeck et al., 2001). C'est la réexpression ectopique de BRG1 dans cette lignée qui rétablit l'expression de CD44, inhibée par l'expression d'un dominant négatif muté dans le domaine ATPase. La régulation de la transcription de CD44 nécessite donc l'activité de remodelage de la chromatine médiée par une activité ATPase fonctionnelle de BRG1. De manière fort intéressante, la surexpression concomitante de BRG1 et de la cycline E (souvent surexprimée dans les tumeurs) entraîne une inhibition de l'expression de CD44 de près de 62%, comparée à l'activation induite par BRG1 seule. Les travaux que j'ai exposés précédemment montraient une régulation de la fonction de BRG1 par une phosphorylation inhibitrice activée par la Cycline E (Shanahan et al., 1999). Cette phosphorylation inhiberait également l'activation de la transcription de CD44 par BRG1. Les souris brm-/- ont également un taux très faible de CD44 alors que l'expression de BRG1 est augmentée pour compenser la perte de BRM (Reisman et al., 2002). Ainsi l'expression de CD44 est liée aux deux ATPases BRG1 et BRM du complexe SWI/SNF.

Dans la plupart des cellules n'exprimant ni BRG1 ni hBRM, une hyperméthylation des îlots CpG du promoteur de *CD44* a été observée. Les mêmes observations ont été faites *in vivo* dans les souris *brm-/-* qui présentent une méthylation et un « silencing » du promoteur de *CD44*. Dans les cellules SW13 ou C33A (BRG1 et hBRM déficientes), la transfection de BRG1 ou de hBRM active l'expression de CD44, liée à l'observation d'une perte de la méthylation de son promoteur (Banine et al., 2005). Des expériences de coimmunoprécipitations de la chromatine ont montré que le complexe SWI/SNF, ayant une activité ATPase fonctionnelle, peut directement influencer la perte de la méthylation sur le promoteur de CD44. Ainsi, le complexe SWI/SNF serait capable de bloquer l'accès de l'ADN aux méthyltransférases comme DNMT1 par exemple, au niveau de ses promoteurs cibles. De nombreux liens entre régulation de la transcription, structure chromatinienne et méthylation ont été établis. Trois protéines de la famille de SWI2/SNF2, Mi2, ATRX et DDM1 ont été impliquées dans la méthylation de l'ADN (Gibbons et al., 2000; Jeddeloh et al., 1999). La relation avec la régulation de l'expression de CD44 définirait pour BRG1 un rôle dans le maintien de l'intégrité cellulaire et la prévention des métastases.

D'après les observations faites par l'équipe de Vries lors de la réexpression de INI1 dans des cellules rhabdoïdes déficientes (Oruetxebarria et al., 2004), cette régulation activatrice de la transcription de CD44 semble dépendante du type cellulaire. Les cellules rhabdoïdes font partie des cellules tumorales exprimant CD44. La réexpression de INI1 cible spécifiquement le complexe SWI/SNF sur le promoteur de CD44 et inhibe son expression, les expériences d'immunoprécipitations de la chromatine montrant une association de BRG1 spécifiquement quand INI1 est exprimée. Dans ce cas précis, le complexe SWI/SNF jouerait un rôle de répresseur transcriptionnel vis-à-vis du gène *CD44*.

Pour conclure, la relation entre le complexe SWI/SNF et la régulation de la transcription de CD44 prête donc à controverse. De nombreuses études comparatives sont à prévoir pour élucider ce mystère. Une étude récente confirme toutefois l'implication de BRG1 dans la régulation des gènes de l'adhésion cellulaire, dont l'expression est activée suite à la réexpression de BRG1 dans des cellules ALAB (lignée de cancer du sein) déficientes pour BRG1 (Hendricks et al., 2004). Mais ici encore, la réexpression de BRG1 semble avoir des effets cellulaires spécifiques.

d. P53

Le gène suppresseur de tumeur *P53* est capital pour la régulation de la croissance cellulaire normale. Des signaux mitogéniques vont stimuler son activité transcriptionnelle sur les séquences ADN spécifiques par exemple de p21 et GADD45, aboutissant à l'inhibition de la croissance cellulaire et à l'activation de l'apoptose via l'activation de BAX, pour ne citer que lui. Quand P53 régule l'arrêt du cycle cellulaire, son action nécessite une disruption des nucléosomes et un remodelage de la chromatine dans les régions des gènes ciblés. La structure chromatinienne affectant la fonction de P53, il était logique de chercher une relation entre cette protéine et les complexes de remodelage tels que SWI/SNF.

Une interaction entre P53 et deux membres du complexe SWI/SNF, INI1 et BRG1 a été montrée (Lee et al., 2002) *in vitro* et *in vivo*. La surexpression de INI1 et BRG1 dans des cellules 293T potentialise la transactivation de P53 sur ses gènes cibles, l'exemple privilégié en étant, ici, le gène *p21*. Des expériences d'immunoprécipitation de la chromatine issue de cellules SAOS-2 ont montré *in vivo* que INI1 et BRG1 étaient recrutés sur des promoteurs P53 dépendants, ce qui potentialise l'arrêt de la prolifération cellulaire et l'activation de l'apoptose médiés par P53. Ces résultats montrent donc une dépendance de P53 vis-à-vis de SWI/SNF pour l'activation de ses gènes cibles et l'activation de l'arrêt du cycle. L'étude de l'équipe d'Hendricks sur la réexpression de BRG1 dans les cellules ALAB déficientes (Hendricks et al., 2004) modère toutefois cette conclusion. Ces cellules sont également déficientes pour l'expression de P53 et la réexpression de P53 stimule l'expression de P21. Mais la seule réexpression de BRG1 suffit à exprimer P21 au même taux que celui observé avec P53 seule, montrant que BRG1 peut se lier au promoteur de P21 indépendamment de la présence de P53 dans ce système cellulaire. Cette transactivation aboutit à l'augmentation de la proportion de P21 liée inhibant CDK2, et induit une augmentation de la forme hypophosphorylée de Rb et un arrêt du cycle cellulaire.

L'analyse des mutations de onze carcinomes des plexus choroïdes (CPC) a montré récemment que ces tumeurs présentaient différents types de mutations génétiques, dont des mutations ponctuelles de P53, dans les exons 5 et 7 ou des mutations de INI1 (Zakrzewska et al., 2005). Les mutations ponctuelles de P53 des CPC sont retrouvées dans les cas sporadiques associés au syndrome de Li Fraumeni. Mais le point intéressant est qu'aucune mutation coexistante des deux gènes n'a été observée, suggérant qu'elles ont été contre sélectionnées l'une par rapport à l'autre.

Comme facteurs d'association à la chromatine et transformation cellulaire sont étroitement liés, les interactions protéines-protéines entre P53 et SWI/SNF devraient être étudiées pour faciliter la compréhension des mécanismes de dérégulation de P53 dans les cellules tumorales ou dans les cellules infectées par des virus. Par exemple, une récente étude a montré que le domaine N-terminal de BAF53 (acides aminés Ser2 et Tyr6 très conservés de la levure à l'homme) était essentiel à la régulation de la transcription p53 dépendante via le complexe (Lee et al., 2005).

e. SYT.SSX

SYT-SSX est le produit d'une translocation t(X ;18)(p11.2 ; q11.2) identifiée en 1994, par Clark et al., dans les sarcomes synoviaux, tumeurs très malignes qui touchent essentiellement les tissus mous sans localisation préférentielle (Clark et al., 1994). Ces sarcomes représentent 7 à 10% des sarcomes des tissus mous et surviennent chez des patients de 15 à 40 ans.

Cette protéine de fusion associe la partie N-terminale de SYT (18q11.2), facteur activateur potentiel de la transcription de différents gènes, et SSX (Xq11.23) qui serait, lui, un facteur répresseur de la transcription.

SYT, protéine nucléaire, a une expression ubiquitaire dans les tissus normaux au cours de l'embryogenèse. Trois domaines principaux ont été identifiés (fig.21) :

- le domaine N-terminal, très conservé, SNH (SYT N-ter Homology domain), retrouvé dans la protéine de fusion

- un domaine central riche en Méthionine

- un domaine C-terminal, QPGY, nommé ainsi car riche en glutamine (Q), proline (P), glycine (G) et tyrosine (Y). Ce domaine très proche du domaine N-ter de BAF250 est capable de s'oligomériser.

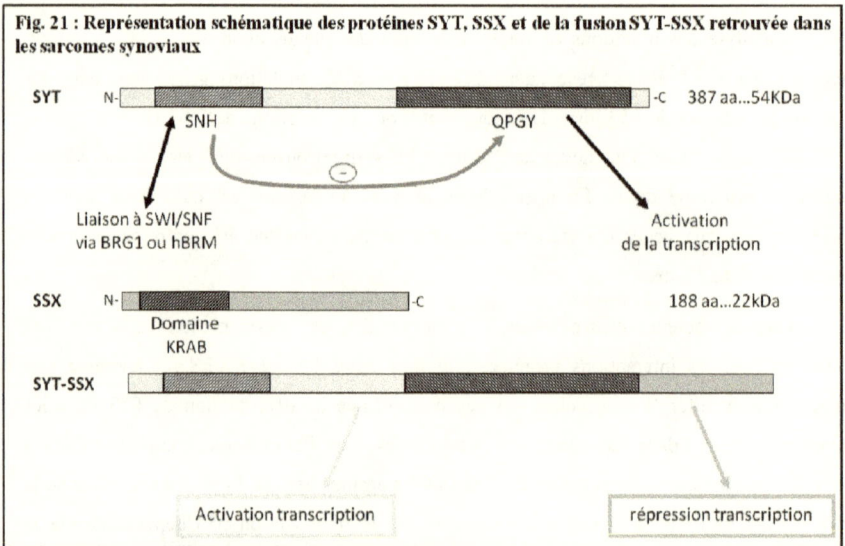

Fig. 21 : Représentation schématique des protéines SYT, SSX et de la fusion SYT-SSX retrouvée dans les sarcomes synoviaux

Il a été montré que le domaine QPGY aurait un rôle transactivateur de la transcription et que cette propriété serait négativement régulée par le domaine SNH au sein de la protéine entière.

Dans la mesure où aucun domaine de liaison à l'ADN n'a été identifié dans SYT, il est possible que son activité de régulateur de la transcription se fasse via l'association à d'autres facteurs qui le recrutent sur les gènes cibles. Or, des expériences de GST-pull down et d'immunoprécipitations ont montré une interaction entre le domaine SNH et les domaines N-terminaux de hBRM et de BRG1 (Perani et al., 2003; Thaete et al., 1999). Cette interaction renforce l'inhibition de l'activité transcriptionnelle portée par le domaine QPGY de SYT. Cette régulation nécessite l'activité ATPasique de hBRM ou BRG1 indépendamment des HDAC (Ishida et al., 2004). Ainsi, SWI/SNF recruterait des facteurs de transcription répresseurs sur le promoteur de SYT, ce qui conduirait à une diminution de la synthèse de cette protéine. Une deuxième hypothèse suppose que le complexe masquerait ou changerait la structure C-terminale de SYT en utilisant l'énergie de l'hydrolyse de l'ATP, l'une ou l'autre de ces actions conduisant à l'inhibition de l'activité transcriptionnelle de SYT.

SSX est également une protéine nucléaire et comporte un domaine N-terminal de type KRAB (KRuppel Associated Box) qui renforce l'inhibition transcriptionnelle exercée par le domaine C-terminal. Seul le domaine C-terminal de SSX est présent dans la protéine de fusion SYT-SSX (fig.21).

Dans le contexte des sarcomes synoviaux, SYT-SSX a la même localisation nucléaire et extranucléolaire que les deux protéines SYT et SSX. Ainsi la protéine de fusion SYT-SSX peut s'intégrer au complexe via son domaine SNH et jouer un rôle dominant négatif ou tout au moins détourner la régulation transcriptionnelle du complexe au niveau de ses gènes cibles.

Par exemple, il a été montré que SWI/SNF régulait négativement l'expression de la cycline A grâce à son activité ATPase portée par BRG1 (Murphy et al., 1999; Strobeck et al., 2000). Or dans les sarcomes synoviaux, la cycline A ainsi que la cycline D1 sont très fortement surexprimées.

En revanche, les gènes inhibés par SSX se retrouveraient, suractivés par le complexe SWI/SNF-SYT-SSX.

Pour conclure le chapitre SWI/SNF et cancer, l'ensemble de ces études montre que l'atteinte de l'intégrité ou de la fonction d'un complexe SWI/SNF contribue à la tumorigénèse de diverses façons. Le complexe peut être directement inactivé par l'absence d'une sous-unité. La rupture des interactions de SWI/SNF avec les produits de gènes suppresseurs de tumeurs tels que *Rb* et *P53* entraîne également une inactivation des fonctions du complexe. Un troisième mécanisme est l'interaction du complexe avec des oncogènes produits à partir de translocations chromosomiques, comme c'est le cas pour la protéine chimérique SYT-SSX, celles issues de fusions avec la protéine ALL-1, ou encore les protéines oncogéniques cellulaires ou virales.

Du point de vue du processus tumoral, on peut considérer l'inactivation du complexe SWI/SNF comme un choix judicieux car il aboutit à une prolifération cellulaire avantageuse, une inhibition de l'apoptose et une diminution de l'adhésion cellulaire facilitant d'éventuelles métastases.

CHAPITRE IV   La complémentation fonctionnelle : un autre outil d'étude du complexe SWI/SNF

Je présente ici différentes études, basées sur le principe de la complémentation fonctionnelle entre la levure et d'autres espèces et ayant abouti ou non à une identification de la conservation des fonctions entre deux protéines homologues. Quand les protéines ont été identifiées chez la levure et que les phénotypes associés à leur déficience ont été décrits, cette technique consiste à exprimer les protéines homologues ou un domaine de ces protéines dans des levures déficientes. La complémentation fonctionnelle a lieu si la protéine exogène est capable de remplacer la perte de fonction de la protéine de levure, conduisant ainsi à une réversion du phénotype. Ces études illustrent bien, pour la plupart la conservation de certains processus cellulaires chez les eucaryotes, ce qui permet de changer de modèle pour les étudier plus facilement. J'ai employé cette stratégie dans l'étude de la protéine humaine INI1 et de ses homologues SNF5 et SFH1 de levure (Bonazzi et al., 2005).

1.   Complémentation entre protéines du complexe SWI/SNF

Les premières sous-unités du complexe SWI/SNF identifiées ont été SWI1, SWI2 et SWI3 chez *S.cerevisiae*. Puis ont suivi les ATPases Brm de drosophile, BRM et BRG1 chez les mammifères, par homologie avec l'ATPase SWI2/SNF2 de levure. Les études fonctionnelles ont peu tardé et ont permis d'associer une éventuelle homologie de fonction à une conservation de l'appartenance au complexe SWI/SNF. Les études de complémentation fonctionnelle menées sur les différents membres des complexes SWI/SNF illustrent parfaitement cette technique.

a. L'homologie fonctionnelle comme outil d'identification

De manière surprenante, le récepteur aux glucocorticoïdes de rat surexprimé dans des levures, est capable de transactiver un gène rapporteur dont le promoteur contient des éléments de réponse spécifiques. Mais cette activation transcriptionnelle nécessite un complexe SWI/SNF de levure fonctionnel puisque l'activation ne peut se faire dans des souches déficientes pour *swi1*, *swi2* ou *swi3* (Yoshinaga et al., 1992). Cette toute première expérience montre la capacité des protéines du complexe de levure à interagir avec un facteur de transcription d'une autre espèce via la liaison des protéines homologues.

Le phénotype caractéristique des mutants *swi* et *snf* allie une croissance ralentie sur milieu glucosé, un défaut de métabolisation de différents sucres (sucrose, galactose, maltose..)

et autres sources carbonées non fermentables, un défaut de switch des haploïdes et un défaut de sporulation des diploïdes (Abrams et al., 1986; Estruch and Carlson, 1990). Ce phénotype a souvent été utilisé lors de la mise en évidence d'une nouvelle sous-unité du complexe SWI/SNF, chez la levure, mais également dans les autres espèces. Un test est devenu classique lors de ces caractérisations : le test de complémentation fonctionnelle. Par exemple, en 1993, l'identification de la protéine BRG1 humaine a été complétée par un test de complémentation fonctionnelle dans la levure (Khavari et al., 1993). L'équipe de Crabtree a utilisé la souche *swi2/snf2* qui présente la caractéristique d'une croissance très ralentie sur glucose et un défaut de switch (pour ne citer qu'eux). Cette équipe a construit une chimère SWI2/SNF2-BRG1 où le domaine ATPase conservé de la protéine de levure (568 acides aminés) a été remplacé par celui de BRG1 (660 acides aminés) et ont montré que cette construction rétablit un phénotype sauvage, tout comme le fait la réexpression de SWI2/SNF2. Elle est surtout capable de se lier au promoteur du gène HO codant l'endonucléase permettant le changement de type sexuel et est également capable de collaborer à la transcription activée par le récepteur aux glucocorticoïdes de mammifères. Au cours de ces travaux, l'équipe a montré que la mutation ponctuelle d'un acide aminé de ce domaine ATPase, la lysine 798 de SWI2/SNF2 suffit à inhiber la fonction des deux protéines. Ce mutant joue donc un rôle dominant négatif au niveau de la capacité d'activation transcriptionnelle des mutants *swi2/snf2-*.

La propriété d'interchangeabilité des protéines est utilisée dans d'autres modèles cellulaires. La lignée cellulaire DT est une lignée de fibroblastes murins NIH3T3 transformés par incorporation de deux copies du gène Ki-ras. En 1998, l'équipe de Muchardt a montré que la protéine mbrm était indétectable dans cette lignée DT (Muchardt et al., 1998) et que l'expression ectopique de la protéine humaine hBRM entraînait des modifications des caractéristiques de croissance : cellules arrêtées en G0/G1, perte de la capacité cancérogène lors de l'injection dans des souris nudes. Cette étude montre une complémentation fonctionnelle de la déficience de mBRM par hBRM.

Les mêmes tests ont été menés pour la protéine Brm de drosophile (Elfring et al., 1994). Une chimère où le domaine ATPase de SWI2/SNF2 a été remplacé par celui de Brm permet un sauvetage phénotypique partiel du défaut de croissance de la souche *swi2/snf2*. Le test de transactivation consistait à potentialiser l'activation d'un élément de réponse au récepteur aux glucocorticoïdes fusionné au gène rapporteur LacZ. La protéine sauvage SWI2/SNF2 permet une activation fixée à 100%, l'activation existant dans la souche déficiente étant estimée à 10% de ce taux de base. La construction chimérique permet une activation de 33% considérée comme suffisante pour valider l'homologie fonctionnelle.

Ces expériences ont permis de valider la conservation fonctionnelle entre les domaines ATPases des complexes SWI/SNF de levure, de drosophile et de mammifères, associant ainsi une homologie de séquences à une homologie fonctionnelle. Des expériences de complémentation fonctionnelle de la déficience de SWI2/SNF2 de *S.cerevisiae* sont devenues maintenant une routine quand une nouvelle protéine présente ce même domaine homologue, mais qu'aucune fonction ne lui a été attribuée.

b. La complementation fonctionnelle et la caractérisation de nouveaux complexes de remodelage

Ces tests de complémentation ont donc été utilisés à chaque identification de nouvelles protéines de la famille de SWI2/SNF2 ou d'autres membres du complexe. L'absence de complémentation dans certains cas a dirigé les équipes vers l'identification de nouveaux complexes de remodelage structurés sur le même modèle que celui des complexes SWI/SNF.

L'identification des membres d'un autre complexe de remodelage chez la levure, le complexe RSC, a été faite par la forte homologie de séquences reliant ces différentes sous-unités aux membres du complexe SWI/SNF. Cependant les expériences de complémentation fonctionnelle n'ont pas été fructueuses : l'ATPase Sth1 ne complémente pas la déficience *swi2/snf2* (Du et al., 1998), de même, la protéine Sfh1 est incapable de réverser le phénotype mutant des levures déficientes pour *snf5* (Cao et al., 1997). Il est à noter que les protéines du complexe RSC sont nécessaires à la viabilité cellulaire, contrairement aux membres du complexe SWI/SNF. Les mutations de ces gènes ne peuvent donc être étudiées qu'à l'état hétérozygote ou thermosensible. Fonctionnellement parlant, les deux complexes sont des complexes de remodelage de la chromatine dont l'activité est dépendante de l'hydrolyse de l'ATP. Mais ces deux complexes régulent des gènes différents et assurent des fonctions différentes au cours du cycle cellulaire, lors de la réparation.

Chez la drosophile, *Brahma* a un homologue identifié par alignement de séquences, *ISWI* (pour imitation of switch), qui appartiendrait lui aussi à la famille des ATPases *SWI2/SNF2* (Elfring et al., 1994). Malgré les 50% d'homologie de séquence au niveau du domaine ATPase, ISWI n'est pas capable, contrairement à Brahma, de remplacer la fonction de SWI2/SNF2 chez la levure, ni sous sa forme sauvage ni sous une forme chimérique où son domaine ATPase remplace celui de SWI2. ISWI est donc une ATPase appartenant à la famille des ATPases SWI2/SNF2 mais officie au sein d'une famille de complexes différents du complexe BAP de drosophile, nommés les complexes ISWI. Chez la levure, deux homologues de ISWI ont été retrouvés, Iswi1 et Iswi2, qui appartiennent à des complexes distincts (Tsukiyama et al., 1999). Chez l'homme, des homologues de la famille ISWI ont été identifiés, hSNF2L qui présente 72% d'identité avec ISWI (Okabe et al., 1992) et hSNF2H (Aihara et al., 1998). Les tests de complémentation fonctionnelle ont été menés lors de l'identification de la protéine hSNF2L et de son homologue bovin bovSNF2L. Ces protéines ne sont pas capables de complémenter la déficience *swi2* ni la déficience *sth1* confirmant leur appartenance à un autre sous-groupe de la superfamille SWI2/SNF2 (Okabe et al., 1992). Chez l'homme, les protéines hSNF2H et hSNF2L sont décrites au sein de différents complexes tels que hRSF (Remodeling and Spacing Factor), WCRF/ACF (Williams syndrome transcription factor Chromatin Remodeling Factor/ATP-utilizing Chromatin assembly and remodeling Factor), CHRAC et NoRC (Nucleolar Remodeling Complex).

Des régions du domaine ATPase de ces protéines doivent définir une spécificité fonctionnelle des différents membres de la famille SWI2/SNF2 et permettre une association de leur activité ATPase à d'autres protéines définissant d'autres complexes de remodelage de la chromatine ATP dépendants. Chaque famille de complexes se définit donc par une composition spécifique et la présence d'une ATPase unique qui appartient à la superfamille SWI2/SNF2. La nature de cette sous-unité a ensuite permis de définir quatre familles de complexes (**fig. 22**) :

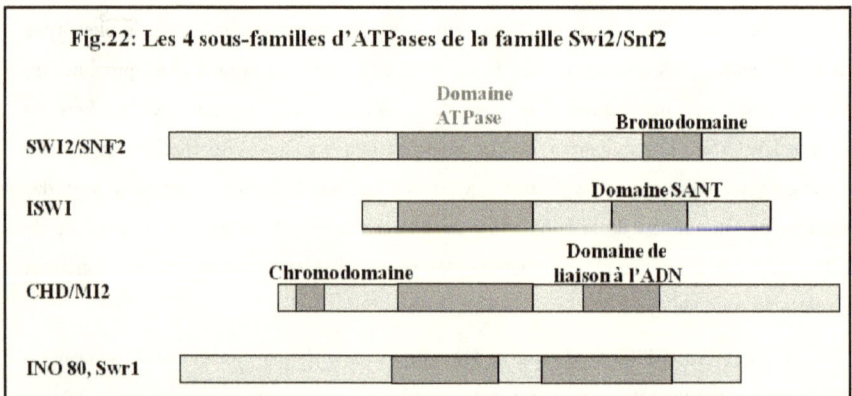

Fig.22: Les 4 sous-familles d'ATPases de la famille Swi2/Snf2

- les ATPases homologues de SWI2/SNF2 appartiennent aux complexes SWI/SNF (Sth1 de RSC en fait partie),

- **ISWI** (Imitation SWItch) définit une autre famille de complexes,

- les ATPases des familles **CHD/Mi2** (ChromoHelicase DNA binding factor/dermatomyositis specific nuclear autoantigen 2) et **INO80** (Swr1).

Les ATPases de ces quatre familles sont très conservées entre les espèces (Eisen et al., 1995) et présentent toutes des caractéristiques spécifiques qui les distinguent les unes des autres.

Des études de complémentation de la déficience des gènes de levure de ces ATPases par leurs homologues de drosophile, murin ou humain ont également contribué à la classification de ces différentes ATPases en quatre familles.

Utiliser la complémentation fonctionnelle a donc permis de caractériser de nouveaux membres des complexes SWI/SNF dans d'autres espèces que la levure, mais a également servi à identifier de nouveaux complexes de remodelage de la chromatine. Certaines de leurs sous-unités sont homologues de celles des complexes SWI/SNF, mais ont une spécificité de domaines qui permet leur association à d'autres protéines définissant ainsi des nouveaux complexes différents. Par leur activité de remodelage, ces complexes interviennent pour réguler d'autres cibles, n'appartenant pas au champ d'action de SWI/SNF.

2. Il n'y a pas que les membres du complexe SWI/SNF dans la vie...

Ce modèle de complémentation fonctionnelle a été utilisé pour la mise en évidence de nombreuses protéines de diverses natures, autres que les membres du complexe SWI/SNF. Le test de complémentation fonctionnelle sert à associer une fonction à une protéine nouvellement identifiée, mais aussi à caractériser des facteurs régulateurs, des membres de cascades de voie de signalisation ou des partenaires d'interaction également conservés. Plus simplement, l'existence d'une complémentation fonctionnelle permet l'utilisation du modèle levure pour l'étude de la fonction de la protéine d'intérêt.

a. La levure comme référence pour l'étude des régulateurs du cycle cellulaire

Initialement, c'est grâce aux deux modèles levure que l'essentiel des protagonistes du cycle cellulaire ont été identifiés : *S.cerevisiae* pour les phases G1 et S et *S.pombe* pour les phases G2 et M. La facilité d'utilisation de ces modèles en a fait des références pour l'étude des différents facteurs régulant le cycle cellulaire. La conservation fonctionnelle entre la levure et l'homme a été montrée pour différents acteurs du cycle cellulaire, tels que les cyclines, les CDK, les phosphatases nécessaires à l'inactivation de ces CDK, les différents facteurs de transcription ainsi que les protéines impliquées dans la régulation du fuseau mitotique, essentielles au déroulement correct de la mitose.

Je vais développer ici quelques études qui m'ont semblé d'un intérêt majeur.

Conservation des cyclines et de leurs régulateurs : Différentes études ont montré la conservation des cyclines au sein du règne eucaryote. Aussi bien la protéine Dmcdc2 de drosophile que la cycline C humaine sont capables de complémenter la triple déficience des protéines CLN1, CLN2 et CLN3 de *S.cerevisiae* (Leopold and O'Farrell, 1991). Cependant, la réversion du phénotype n'est pas totale puisque les cellules transformées ne récupèrent pas une morphologie ni une durée de cycle correspondant à celles de la souche sauvage.

Un régulateur des cyclines de levure de *S.cerevisiae*, la protéine Sit4 a également servi à ce type d'étude. Sit4 est nécessaire à l'accumulation des ARNm des cyclines en phase G1 du cycle cellulaire et sa perte de fonction induit un arrêt du cycle à cette phase. Son homologue de *S.pombe*, Ppe1 a la même fonction mais agit à un niveau décalé du cycle, en phase G2, phase où l'arrêt est observé chez les mutants perte de fonction. Ppe1 est capable de complémenter la déficience de Sit4 et restaurer un cycle normal, tout comme le fait Sit4 exprimé dans des levures *S.pombe* déficientes pour *ppe1* et arrêtées en G2 (Bastians and Ponstingl, 1996). Un homologue humain a été identifié, la sérine/thréonine phosphatase 6, PP6, supposée fonctionner en tant que régulateur du cycle cellulaire, comme ses homologues. L'expression de l'ADNc de PP6 réverse également l'arrêt du cycle des mutants *sit4* et *ppe1* à température non permissive. De plus amples investigations ont permis de relier PP6 à la voie de Ran/RCC1 impliquée dans le transport nucléo-cytoplasmique. RCC1 (homologue de pim1 de *S.pombe*) est un facteur d'échange de Ran, petite Ras-GTPase (homologue de spi1) (**fig.23**).

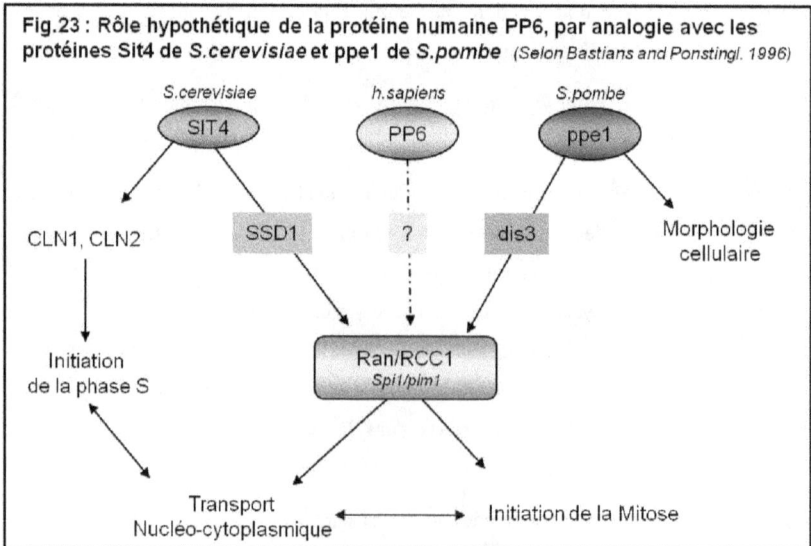

Fig.23 : Rôle hypothétique de la protéine humaine PP6, par analogie avec les protéines Sit4 de *S.cerevisiae* et ppe1 de *S.pombe* (Selon Bastians and Ponstingl. 1996)

La mutation de *ppe1* supprime le phénotype de différents mutants thermosensibles *pim1*, qui ont un défaut de décondensation chromatinienne et qui présentent une fragmentation de leur enveloppe nucléaire à température non permissive. Plus de données sont disponibles pour les voies de transduction des gènes *Ppe1* et *Sit4* de levure et l'étude de l'interaction de ces homologues chez *S.pombe* et *S.cerevisiae* devrait permettre de préciser le rôle de la protéine PP6 chez les mammifères.

Homologies entre kinases dépendant des cyclines (CDK) et entre leurs régulateurs : Le gène *PHO5* de *S.cerevisiae* code une acide phosphatase secrétée et activée en réponse à un manque en phosphate dans le milieu de culture. La transcription de *PHO5* est régulée par le facteur de transcription PHO4, lui-même régulé par la phosphorylation inhibitrice du couple PHO80/PHO85, hétérodimère répondant aux conditions biochimiques d'un couple cycline/CDK. Une équipe a construit une souche avec des interruptions chromosomiques de *PHO80* et *PHO85*, qui ne peut être complémentée que par une faible expression des protéines sauvages, car une surexpression de ces protéines entraîne une répression constitutive du promoteur de *PHO5*, même quand le taux de phosphate diminue dans le milieu. Le gène sauvage de *CDK2* humain n'est pas capable de complémenter la souche déficiente pour *pho85* (Bitter, 1998). Les auteurs ont alors construit différentes souches délétées pour ce gène, et exprimant différentes constructions chimériques contenant le domaine kinase de CDK2. La complémentation est observée quand la chimère contient plus de 2/3 de la protéine de CDK2. Cette chimère est alors capable d'assumer la fonction de PHO85 et d'inhiber la transcription de *PHO5* en présence d'une forte concentration de phosphate dans le milieu. L'expression de PHO80 est nécessaire à cette inhibition, tout comme l'est l'expression des cyclines relatives à CDK2 pour sa fonction normale dans des cellules humaines. Cette étude montre que dans le contexte de l'extrême conservation des CDK, de considérables variations de séquences primaires peuvent être introduites sans perte de la fonction des CDK dépendante des cyclines.

Les fonctions des CDK et des cyclines sont conservées de la levure à l'homme. Il en est de même des protéines régulant leurs activités, comme les phosphatases inhibant les CDK. La protéine Cdc14 ou encore Flp1 est une sérine/Thréonine phosphatase très conservée entre les levures *S.cerevisiae* et *S.pombe*, respectivement. Elle joue un rôle important dans l'inhibition des CDK dans les deux espèces par des mécanismes distincts. Chez *S.cerevisiae*, Cdc14 active la dégradation mitotique des cyclines et l'accumulation des inhibiteurs de CDK, potentialisant ainsi la sortie de mitose. Chez *S.pombe,* la phosphatase Flp1 diminue l'activité du couple Cycline/CDK en contrôlant la dégradation de la Tyrosine phosphatase cdc25 et permet ainsi l'activation de la cytokinèse. Deux homologues humains de ces phosphatases ont été identifiés, hCdc14A et hCdc14B (Li et al., 1997). La protéine hCdc14A est localisée aux centrosomes pendant l'interphase et au centre du fuseau mitotique pendant l'anaphase. Cette protéine déphosphoryle des Sérine/Thréonine-Proline kinases et régule la réplication des centrosomes *in vivo*. Une dérégulation de hCdc14A provoque la séparation des centrosomes amenant à des défauts de séparation des chromosomes et de la cytokinèse. La protéine hCdc14B se localise dans le nucléole pendant l'interphase mais pas pendant la mitose. Aucune fonction n'a encore été associée à cette protéine. Les deux protéines, hCdc14A et B sont capables de complémenter la déficience de *flp1* dans *S.pombe* mais seule hCdc14A peut déphosphoryler cdc25 *in vitro* et *in vivo* (Vazquez-Novelle et al., 2005). Ces résultats montrent une conservation du mécanisme d'inhibition de cdc25 de *S.pombe* via Cdc14. Il est possible que les cellules humaines régulent cdc25 de la même manière pour inhiber les complexes cdc2/cyclines mitotiques.

Conservation de la γ-tubuline, nécessaire à la formation du fuseau mitotique : La γ-tubuline, très conservée entre espèces, est le constituant principal des MTOC (MicroTubules Organizing Centers). Cette protéine est essentielle à la viabilité cellulaire et à la fonction des microtubules, tout particulièrement lors de la formation du fuseau mitotique. Une étude a montré que la γ-tubuline humaine fonctionne parfaitement chez la levure *S.pombe*. L'expression de cette protéine dans une souche déficiente permet de rétablir la viabilité cellulaire et d'atteindre un niveau de croissance presque normal (Horio and Oakley, 1994). La protéine humaine se localise chez *S.pombe* aux pôles du fuseau, MTOC, tout comme le fait la γ-tubuline endogène. Il est à noter que la morphologie des MTOC est complètement différente entre ces deux espèces et cependant, la γ-tubuline occupe les mêmes fonctions dans les deux organismes. Ces observations suggèrent que la plupart des protéines des MTOC interagissant avec la γ-tubuline, doivent être également très bien conservées.

Conservation d'autres facteurs du cycle : La complémentation fonctionnelle a permis d'identifier des protéines essentielles au bon fonctionnement du spliceosome, hPRP16 (DEAH-Asp, Glu, Ala, His-box protein 38), hPRP17 ou CDC40 et hPRP18, respectivement homologues des protéines Prp16 (pour pre mRNA Processing), Prp17 (cdc40) et Prp18 de *S.cerevisiae*. Des complémentations fonctionnelles partielles ou via des constructions chimériques montrent une conservation de fonction des protéines ou de certains de leurs domaines, au cours de l'évolution (Zhou and Reed, 1998, Lindsey and Garcia-Blanco, 1998, Ben Yehuda et al., 1998, Horowitz and Krainer, 1997). L'étude des homologues de levure de ces différentes protéines a permis de mieux comprendre leur rôle tout au long du processus d'épissage et du cycle cellulaire, d'identifier leurs partenaires et leurs régulateurs et d'expliquer d'éventuelles mutations identifiées dans des pathologies.

La plupart des protéines impliquées dans ce processus d'épissage ont été identifiées par des cribles génétiques de mutants conditionnels de levure. Ces gènes ne sont pas nécessaires à la viabilité cellulaire mais certains comme Prp17, ont été initialement isolés comme facteurs du cycle cellulaire, d'où le nom de cdc40. Quelle relation existe-t-il entre l'épissage et le contrôle du cycle cellulaire ? La plupart des mutants *prp* ont été identifiés pour leur défaut de croissance à température non permissive et souvent, ils ne s'arrêtent pas à l'un des points de contrôle connus du cycle cellulaire (Shea et al., 1994). Deux hypothèses peuvent expliquer ces observations. Les protéines Prp sont nécessaires à l'épissage de transcrits spécifiquement requis en phase G2 du cycle cellulaire. L'épissage servirait de régulateur du cycle tout comme le sont la transcription, la traduction, les modifications post-traductionnelles et la dégradation protéique. Une autre alternative suppose que les mutations de ces gènes *PRP* inhibent les processus normaux d'épissage, ce qui crée un « point de contrôle d'épissage» équivalent à celui régulant l'intégrité des composants cellulaires tels que le fuseau ou l'ADN répliqué. Toutes ces observations ont pu être faites grâce au modèle levure, idéal pour l'étude des protagonistes du cycle cellulaire.

Il est intéressant de noter que la plupart des protéines impliquées dans les différents processus du cycle cellulaire ne se complémentent pas quand elles sont utilisées sous leur forme sauvage. Trop de divergences ont dû survenir au cours de l'évolution, tant au niveau structural que fonctionnel. Différentes études présentées ci-dessus utilisent des constructions chimériques contenant la protéine de levure dont le domaine actif a été remplacé par celui de la protéine humaine homologue. Il semblerait que ces protéines régulant le cycle nécessitent des interactions espèces dépendantes, qui n'ont pas du être conservées au cours de l'évolution. On peut également imaginer que des régions encadrant les domaines fonctionnels contiennent des résidus définissant une spécificité d'espèce. Ces protéines du cycle ne sont pas toujours interchangeables d'une espèce à l'autre, mais leur fonction semble avoir été largement conservée.

b. La complémentation et l'étude de la réparation des dommages de l'ADN

A mon sens, le plus beau modèle génétique de complémentation est celui de la technique des hybrides somatiques. Cette technique a permis d'identifier les différents gènes dont la mutation entraîne la maladie du Xeroderma Pigmentosum (XP), le Syndrome de Cockayne (CS) ou encore la trichothiodystrophie (TTD). Ces désordres récessifs autosomiques du système du NER (Nucleotide Excision Repair) touchent le système nerveux, et dans le cas du XP, favorisent le développement de tumeurs cutanées. Les patients atteints sont extrêmement sensibles aux rayons UV et ont un défaut de réparation des dommages de l'ADN causés par ces irradiations.

Les différents gènes impliqués dans ces désordres ont été identifiés par fusion *in vitro* de cellules de patients mises en culture. L'analyse des phénotypes des hétérocaryons ainsi formés a permis d'identifier les différents gènes impliqués dans ces pathologies. Ces expériences ont permis d'identifier 8 groupes de complémentation pour XP (7 groupes + un variant), 5 groupes pour CS, 4 pour AT, 3 dans le cas de TTD...

Les processus de réparation de l'ADN sont extrêmement conservés chez les eucaryotes. La protéine Rad3 de la levure *S.pombe*, est nécessaire aux points du contrôle du dommage à l'ADN et de la réplication. Rad3 a différents homologues chez tous les eucaryotes, tels que ESR1 chez *S.cerevisiae*, Mei-41 chez la drosophile et ATR chez l'homme. Toutes ces protéines appartiennent à la sous-classe des lipides-kinases qui inclut ATM. Une étude a montré que la protéine humaine ATR est capable de complémenter le mutant *esr1-1* de *S.cerevisiae*, sensible aux irradiations (Bentley et al., 1996).

De même, la protéine Rad2 de *S.pombe* appartient à la famille des protéines Rad2 (*S.cerevisiae*)/Rad13 (*S.pombe*)/XPG (humaine). Le mutant *rad2* est sensible aux radiations UV et présente un défaut de réparation des dommages de l'ADN causés par ces irradiations. A ceci s'ajoutent souvent une perte de chromosomes et /ou une non disjonction à la méiose. Le gène humain homologue de *RAD2* a été cloné et des expériences ont montré que son expression dans des levures déficientes permet de complémenter le phénotype de sensibilité aux UV ainsi que la ségrégation anormale des chromosomes (Murray et al., 1994). Cette étude a permis d'identifier une nouvelle protéine humaine capable de contrôler la fidélité de la ségrégation chromosomique et de réparer les dommages de l'ADN induits par les UV.

c. **La levure comme modèle d'étude de gènes impliqués dans des pathologies**

• *CTNS et le transport lysosomal...* La cystinosis est une pathologie du stockage lysosomial, due à une accumulation de cystine insoluble dans la lumière du lysosome. Cette maladie initialement décrite comme pathologie rénale, peut toucher plusieurs organes. Le gène *CTNS* code le transporteur lysosomial de cystine, la Cystinosine, pompe à protons qui régule le pH du lysosome. Sa mutation, responsable de différentes pathologies, est notamment la cause la plus courante du syndrome rénal héréditaire de Fanconi. Cette protéine est très conservée. Son homologue de *S.cerevisiae* est Ers1, qui, quand elle est absente, entraîne une sensibilité à l'hygromycine B. Ce phénotype peut être complémenté par l'expression de l'ADNc humain de *CTNS,* mais pas par différents mutants identifiés chez les patients (Gao et al., 2005). Exprimée dans la levure, la protéine humaine CTNS adopte la même localisation que son homologue au niveau des endosomes et des vacuoles. Ce doit être l'implication de ces deux protéines dans le transport des protons qui s'accumulent dans le lysosome, qui rend les cellules sensibles à l'hygromycine B. Le modèle levure a été utilisé dans ce cas pour trouver des protéines régulatrices de Ers1, et donc de CTNS. Un crible de mutants suppresseurs de *ers1Δ* a permis d'identifier de nouveaux gènes : *MEH1*, impliqué dans la régulation de la fonction de Ers1, et *GTR1*, GTPase qui interagit avec Meh1 et qui est associée à la membrane vacuolaire de manière Meh1 dépendante. Une éventuelle conservation fonctionnelle entre la levure et l'homme permettra sûrement l'identification des cofacteurs de CTNS chez l'homme.

• *AMPK et les métabolismes lipidique et glucidique...* L'AMPK (AMP-activated protein kinase) et son homologue de *S.cerevisiae,* la kinase SNF1, jouent un rôle majeur dans la réponse cellulaire au stress métabolique des cellules eucaryotes. Chez l'homme, AMPK régule le métabolisme des lipides et celui des glucides. Il est impliqué dans le développement et le traitement de désordres relatifs à ces métabolismes, comme certains diabètes ou certains cas d'obésité. De plus, des mutations de AMPK causent des anomalies cardiaques. La protéine SNF1 de *S.cerevisiae* est impliquée dans la réponse au stress lié au carbone puisque sa mutation entraîne un défaut du métabolisme de différentes sources carbonées (phénotype des mutants *snf*). Ces kinases, AMPK et SNF1, sont le dernier maillon d'une cascade de kinases non encore identifiées. L'utilisation du modèle levure a permis d'identifier quelques chaînons de ces kinases successives. Trois kinases, Pak1, Tos3 et Elm1, sont capables de phosphoryler et d'activer SNF1. Ces trois kinases exercent des fonctions redondantes puisque seule la triple mutation de ces kinases conduit au phénotype mutant *snf*, inhibant l'activité catalytique de SNF1. Des travaux ont montré que la kinase Tos3 est capable de phosphoryler AMPK de mammifères sur le même résidu que SNF1, permettant ainsi son activation (Hong et al., 2003).

Ces résultats montrent une conservation des kinases en amont de SNF1 de levure et de AMPK des mammifères. Chez l'homme, LKB1, gène suppresseur de tumeur associé au syndrome Peutz-Jeghers, est capable de phosphoryler et d'activer AMPK *in vitro*. LKB1 est donc une kinase candidate située en amont de la cascade des kinases activatrices. Des expériences de complémentation fonctionnelle permettront peut-être de préciser son implication dans la cascade.

• *Autres exemples...* Comme je viens de le développer, de nombreuses études utilisent le modèle de complémentation mais une liste exhaustive ne peut être faite. La protéine chaperone HSP90 possède deux homologues chez *S.cerevisiae*, HSP82 et HSC82 qui présentent près de 60% d'identité (Picard et al., 1990). Le double mutant levure est létal. L'expression ectopique de la protéine humaine HSP90 est capable de complémenter le double mutant. D'autres études montrent la conservation des facteurs de transcription TFIID (Buratowski et al., 1988) ou de Spt3 (Yu et al., 1998) ou encore de la β-synthase (Kruger and Cox, 1994). D'autres se sont servis de cette homologie pour associer une fonction à des protéines nouvellement identifiées, comme cela a été le cas pour NTF2, impliquée dans le transport nucléaire (Corbett and Silver, 1996) ou encore pour hABC7, constituant actif de la membrane mitochondriale (Csere et al., 1998).

Il est surtout important de noter que la conservation entre espèces est telle qu'elle est observable pour les protéines de presque tous les processus cellulaires, tant qu'il est possible de comparer les métabolismes de levure et ceux des mammifères. Cette conservation peut être totale quand la protéine entière humaine est capable de complémenter la déficience d'un homologue, ou incomplète, lorsque la complémentation n'est observée qu'avec une construction chimérique où seul le domaine caractérisé comme fonctionnel est remplacé par son homologue humain.

En fin de compte, de nombreuses identifications de nouvelles protéines ou leurs validations passent par des cribles génétiques de complémentation de déficiences des gènes homologues de levure.

Une remarque module tout de même la plupart de ces études, souvent menées par des tests d'activité *in vitro* ou des tests de réversion phénotypique. Vu le peu de données sur certaines des protéines étudiées, il est difficile aux différentes équipes de tester l'interaction de leur protéine d'intérêt avec des protéines endogènes ou même d'analyser la conformation de la protéine transfectée. Ceci dit la plupart des analyses de validation se basent sur la localisation de leur construction comparée à celle des protéines endogènes, et il n'existe aucun test meilleur que celui de la réversion phénotypique, pour valider la fonction d'une protéine.

RESULTATS

I. Complémentation fonctionnelle de la déficience *snf5* et *sfh1* chez *S.cerevisiae* par leur homologue humain INI1

La protéine INI1 a initialement été identifiée comme l'homologue humain de la protéine SNF5 de *S.cerevisiae*, membre essentiel du complexe SWI/SNF. Les deux protéines ont effectivement des séquences très proches et surtout un domaine d'homologie retrouvé dans toutes les protéines homologues de SNF5, chez toutes les espèces. De plus, chez *S.cerevisiae*, SNF5 a un orthologue, SFH1 qui occupe une fonction essentielle au sein d'un autre complexe de remodelage de la chromatine, le complexe RSC. Nous avons voulu utiliser la levure *S.cerevisiae* comme modèle d'étude de la fonction de INI1, étant donnés les tests fonctionnels disponibles dans ce système cellulaire. La déficience du gène *snf5* entraîne notamment une déficience de métabolisme des sucres (SNF : sucrose non fermenting) et la déficience de *sfh1* est létale. Il était intéressant de tester la capacité du gène humain à complémenter les phénotypes associés aux pertes de fonction de ces deux gènes de levure. J'ai utilisé différentes souches de levures exprimant des constructions sauvages du gène humain *INI1* ou chimériques de *SNF5* ou *SFH1*, dans lesquelles le domaine conservé est remplacé par celui de *INI1*. Ces différentes constructions ont été testées pour leur capacité à complémenter la déficience des mutants *snf5* ou *sfh1* chez la levure.

Pour le test du phénotype SNF, les transformants ont été étalés sur différents milieux contenant du sucrose, du raffinose, du galactose ou du glycérol comme seule source de carbone. Le phénotype testé ici est lié à l'activité de transcription du complexe SWI/SNF qui régule de nombreuses enzymes de métabolisme de ces sucres. Le sucrose est composé de dimères de glucose-fructose (sucre inverti) qui seront hydrolysés par l'action de l'invertase (découverte par Berthelot en 1860) codée par le gène SUC2, directement régulé par le complexe SWI/SNF. Le raffinose, lui, est un trimère de galactose-glucose-fructose qui nécessite l'action de l'β-galactosidase, également régulée par SWI/SNF, pour dissocier le galactose du dimère Glc-Fru qui sera ensuite hydrolysé par l'invertase. De même, les différents facteurs de transcription, tels que GAL1 et GAL4 qui activent l'expression des enzymes du métabolisme du galactose (comme la galactokinase, par exemple), sont régulés par le complexe

SWI/SNF, tout comme le sont certaines enzymes du métabolisme du glycérol qui aboutit à la néoglucogénèse ou à la glycolyse.

La mutation du gène *sfh1* étant létale, cette mutation n'existe que sous forme hétérozygote. La complémentation est donc testée après sporulation des transformants hétérozygotes *sfh1+/-*, le nombre de spores existant dans chaque tétrade étant le critère observé.

Les résultats obtenus au cours de mes travaux expérimentaux sont très clairs. Ni l'expression du gène INI1 entier, ni celle d'un gène chimérique dans lequel le domaine conservé humain remplace celui de *S.cerevisiae* n'est capable de complémenter le phénotype SNF ou la létalité associée à la délétion de *sfh1*.

Plusieurs hypothèses peuvent expliquer ce résultat. Dans le cas de SFH1, un seul phénotype est décrit et peut être testé, celui de la viabilité cellulaire. Dans le cas de SNF5, plusieurs phénotypes sont associés à la déficience des gènes *snf* comme un défaut de sporulation des diploïdes, le défaut de switch du type sexuel des haploïdes lié à la régulation absente du gène de HO par SWI/SNF ainsi qu'un défaut de croisement de ces haploïdes du fait de l'absence de régulation des gènes BAR1 et MFα1. Ces autres phénotypes n'ont pas été testés dans notre étude mais lors de nos constructions de souches mutantes et transformées, le croisement des haploïdes mutants s'est avéré laborieux pour l'obtention de la souche *snf5-/-*, qui au final se transformait beaucoup moins bien que les sauvages, ce qui n'a pas encouragé ce type d'expériences. Cependant, il est vraisemblable qu'elles donneraient le même résultat que le test de métabolisme des sucres, dans la mesure où les deux nécessitent la régulation des différents gènes cibles de SWI/SNF par un complexe fonctionnel. Il est alors envisageable que les fonctions de INI1 et de ses homologues de séquence de levure, au sein du complexe SWI/SNF, aient divergé au cours de l'évolution.

Nous avons axé la discussion sur une spécificité fonctionnelle d'espèces définie par certains domaines des protéines étudiées. L'étude de l'équipe de Crabtree a montré qu'une protéine chimérique SWI2-BRG1 contenant le domaine ATPase de la protéine humaine BRG1 est capable de complémenter la déficience du gène *swi2* chez la levure et de restaurer une croissance normale (Khavari et al., 1993). De même, la protéine Brahma de drosophile permet une réversion partielle du phénotype associé à la déficience de *swi2* (Elfring et al., 1994), puisque les levures transformées ont une croissance intermédiaire. Par contre, le domaine de la protéine ISWI de drosophile, qui appartient également à la famille des ATPases SWI2 mais qui fait partie d'un autre type de complexe de remodelage, n'est pas capable de remplacer la fonction du domaine ATPase de SWI2 de levure (Elfring et al., 1994). Ces résultats montrent que des régions internes à ce domaine ATPase permettent de spécifier la fonction des protéines de la famille de SWI2.

Il est fort possible que le même phénomène existe entre les différentes protéines homologues structurelles de SNF5. Des résidus spécifiques du domaine conservé doivent permettre des interactions protéines-protéines ou des modifications post-traductionnelles indispensables à la fonction de ces protéines au sein du complexe SWI/SNF, ceci de manière espèce spécifique. Il faudrait alors définir de plus petites régions fonctionnelles et les tester pour la complémentation des déficiences de *snf5* et de *sfh1* chez la levure, pour ainsi peut être mettre en évidence les domaines réellement fonctionnels communs à ces protéines et INI1.

Pour conclure, tous ces résultats contribuent à montrer que malgré une forte homologie de séquences, SNF5, SFH1 et INI1 ne sont pas interchangeables. Il est probable que le domaine conservé de INI1 ait acquis des fonctions spécifiques au cours de l'évolution, comme par exemple l'implication dans la régulation du cycle cellulaire, via la protéine Rb, dont la fonction n'existe pas chez *S.cerevisiae*.

Ces résultats font l'objet d'une publication acceptée dans BBRC qui parue le 21 octobre 2005.

Available online at www.sciencedirect.com

SCIENCE ⓓ DIRECT®

ELSEVIER

Biochemical and Biophysical Research Communications 336 (2005) 634–638

BBRC

www.elsevier.com/locate/ybbrc

Complementation analyses suggest species-specific functions of the SNF5 homology domain

Vanessa Bonazzi, Souhila Medjkane, Frédérique Quignon, Olivier Delattre *

INSERM U509, Laboratoire de Pathologie Moléculaire des Cancers, Institut Curie, 26 rue d'Ulm, 75248 Paris, Cedex 05, France

Received 5 August 2005
Available online 26 August 2005

Abstract

Inactivation on both alleles of the *hSNF5/INI1* tumor suppressor gene which encodes a subunit of the human SWI/SNF chromatin remodelling complex occurs in most malignant rhabdoid tumors. No paralog of *hSNF5/INI1* is identified in the human genome. In contrast, it has two homologs in the yeast *Saccharomyces cerevisiae*, *SNF5* and *SFH1* which encode core components of the ySWI/SNF and RSC complexes, respectively. The homology mainly concerns an approximately 200 amino acid region termed the SNF5 homology domain. We have tested the ability of the hSNF5/INI1-wild type gene product and of chimerical constructs in which the yeast SNF5 domains were replaced by that of the human protein, to complement yeast *snf5* and *sfh1* phenotypes. Neither growth deficiencies on different carbon sources of *snf5* yeasts nor the lethality of the *sfh1* phenotype could be rescued. This strongly suggests that the SNF5 homology domain presents species-specific functions.
© 2005 Elsevier Inc. All rights reserved.

Keywords: hSNF5/INI1; SNF5; SFH1; SWI/SNF complex; Functional complementation; Tumor suppressor; Rhabdoid; Cancer

The *hSNF5/INI1* gene encodes a core member of the human ATP-dependent SWI/SNF complex which remodels chromatin and facilitates DNA accessibility to transcription factors. *hSNF5/INI1* is a tumor suppressor gene inactivated on both alleles in malignant rhabdoid tumors (MRT) [1]. This tumor suppressor function has been confirmed in mice since heterozygosity predisposes mice to MRT development [2–4].

hSNF5/INI1 has two homologs in yeast, *SNF5* which encodes a member of the SWI/SNF complex [5,6], and *SFH1*, a component of the chromatin remodelling RSC complex [7,8].

In *Saccharomyces cerevisiae*, the Snf5 protein integrates important protein–protein interactions for SWI/SNF assembly and coordinates promoter recruitment and chromatin remodelling [9]. Similar to other Swi (mating-type SWItch) and Snf (sucrose non-fermenting) proteins, Snf5 is essential for the induction of a variety of genes including those encoding the HO nuclease and the Suc2 invertase [10–14]. More precisely, Snf5 has been shown to antagonize repression mediated by nucleosomes at the *SUC2* locus.

The *SNF5* deficiency leads to pleiotropic defects [11]. The *snf5Δ* diploids cannot sporulate and the haploid mutants cannot switch. Diploids and haploids exhibit a variety of metabolic defects, in particular they cannot properly utilize glycerol, galactose, raffinose or sucrose as unique sources of carbohydrates consequently to defects in the induction of various enzymes involved in non-fermentable carbon sources including ADH, galactokinase, α-galactosidase, and invertase [15].

Unlike SWI/SNF, RSC is essential for viability. The precise function of RSC in chromatin remodelling is not known but micro array experiments have identified several classes of RSC-dependent genes. The RSC complex interacts with kinetochore components and is involved in the chromosome segregation during G2–M transition [16]. Consequently, *SFH1* loss-of-function is lethal as diploid *sfh1Δ* cells are arrested in the G2 phase.

---

* Corresponding author. Fax: +33 1 42 34 66 30.
 E-mail address: olivier.delattre@curie.fr (O. Delattre).

Functional relationship between SWI/SNF complexes from different species has been clearly documented by the ability of the ATPase domain of human *BRG1* [17] or its drosophila homolog *Brahma* [18] to complement the *SWI2/SNF2* deficiency.

In this manuscript, we have addressed the question of functional homology between the human hSNF5/INI1 and the yeast Snf5 or Sfh1 proteins.

We show that neither wild type *hSNF5/INI1*, nor chimeras in which the regions encoding the SNF5 homology domains of *SNF5* or *SFH1* were replaced by that of *hSNF5/INI1*, can complement *SNF5* or *SFH1* deficiencies. This suggests that despite the sequence homologies the proteins may have divergent functions.

Materials and methods

Yeast strains and genetic methods

All *S. cerevisiae* strains used were derived from W303 (MATa/α; ura3-52/ura3-52, trp1D2/trp1D2, leu2-3_112/leu2-3_112, his3-11/his3-11, ade2-1/ade2-1, can1-100/can1-100) for the *SNF5* study and BY4743 (MATa/α; ura3D0/ura3D0, leu2D0/leu2D0, his3D1/his3D1, lys2D0/LYS2, MET15/met15D0, SFH1::kanMX4/SFH1) for the *SFH1* study.

A *snf5* heterozygote strain was constructed from W303 parent strain by homologous recombination. *KanMX4* gene was extracted from pFA6-KanMX4 by *Not*I digestion. The *SNF5* 5' (360 pb) and 3' (327 pb) regulating sequences were PCR-amplified using appropriate oligos that allow coamplification with the *KanMX4* gene.

Parental W303 were transformed with this 5'*SNF5-KanMX4*-3'*SNF5* construct. Stable transformants were selected for their G418 resistance and homologous recombination in the *SNF5* locus was confirmed by PCR amplification and Southern blotting. After sporulation and selection on G418 medium, *snf5* deficient haploids were tested for growth on different carbon sources.

Standard genetic procedures for transformation, mating, sporulation, and tetrad analyses were followed [19].

Media

The *snf5* mutant strains were grown in YPD media containing 4% glucose. Wild type strains for *SNF5* and *SFH1* were grown on 2% glucose. Transformants were grown on uracil-deficient (Ura−) selection medium.

Complementation of the snf5 phenotype

The ability of the transformants to utilize various carbon sources was analyzed by spotting different dilutions of yeast suspension on minimum medium DO-URA plates supplemented with glucose 2%, raffinose 2%, galactose 2%, glycerol 2% or sucrose 2%.

Construction of plasmids

Plasmids were constructed by standard methods.

pVT-HA-INI1. The HA-INI1 human cDNA (1675 pb) was isolated by *Sac*I digestion of the pCDNA3-HA-INI1 [6] and cloned in PYES2 linearized by *Sac*I. The resulting vector was then digested by *Bam*HI and *Hind*III, and the insert was cloned between ADH promoter and terminator into pVT102U linearized with *Bam*HI and *Hind*III (vector pVT-HA-INI1). PVT102U (a kind gift from H. Fukuhara) is a 2 μm derived multicopy vector with the ADH promoter.

pVT-HA-SNF5 and pVT-HA-SNF5-INI1 (SI). The *KanMX4* cassette together with *SNF5* flanking sequences (see above) was cloned in the

pRS416 vector (New England Biolabs) by gap-repair, generating the plasmid pRS416-*SNF5*. To generate the *SNF5-INI1* (SI) chimerical construct, the *Bgl*II site of pRS416-*SNF5* was eliminated by site-directed mutagenesis (QuickChange Site directed mutagenesis kit—Stratagene). The sequence encoding the SNF5 homology domain of hSNF5/INI1 (from aa 193 to aa 374) was PCR-amplified and cloned in place of the corresponding domain of the yeast gene (aa 464–676), between a *Bcl*I site created by mutagenesis at the 5' end of the yeast SNF5 domain and a *Bgl*II site at its 3' end. *Hind*III sites of pRS416- *SNF5* and pRS416-*SI* were then eliminated by mutagenesis. Finally, SNF5 and SI coding sequences in pRS416-*SNF5* and pRS416-*SI* were PCR-amplified with primers adding a HA-Tag and cloned between the *Bam*HI and *Hind*III sites of pVT102U, resulting in the pVT-*HA-SNF5* and pVT-*HA-SI* vectors. All constructs were verified by sequencing.

pVT-HA-SFH1 and pVT-HA-SFH1-INI1 (SfI). Genomic DNA was extracted from W303. The *SFH1* gene was PCR-amplified using primers adding 5'-HA tag-*Bam*HI site and 3'-*Hind*III site. The PCR product (1347 pb) was cloned between the *Bam*HI and *Eco*RV sites of pBluescript. Internal *Hind*III site of *SFH1* was eliminated by site-directed mutagenesis. *HA-SFH1* was finally cloned into pVT102U after *Bam*HI and *Hind*III digestion.

To create the *HA-SFH1-INI1* hybrid (*HA-SfI*), *Mlu*I and *Sal*I sites flanking the SNF5 homology domain (aa 220–400) were created in pVT102U-*HA-SFH1* by mutagenesis. The regions encoding the SNF5 homology domain of *INI1* (aa 200–370) were amplified by PCR with *Mlu*I and *Sal*I containing primers and cloned at the corresponding sites in pVT102U-*HA-SFH1*.

Western blot analysis

Yeast cultures were grown on selective plates and whole cell extracts were prepared [19]. Equal amounts of extracts were separated by SDS-PAGE electrophoresis and transferred to nitrocellulose membrane (Hybond-ECL Amersham Biosciences). HA-tag proteins were detected using the 12CA5 antibody (1:500) and peroxidase-coupled mouse secondary antibody (1:3000, Amersham Biosciences).

Results

A scheme of the human hSNF5/INI1 and yeast Snf5 and Sfh1 proteins is shown in Fig. 1A. Sequences of the SNF5 homology domain are indicated in Fig. 1B. *snf5* heterozygote strains were constructed from a W303 wild type strain by insertion of the *KanMX4* gene into the *SNF5* locus. Strains carrying the insertion, *snf5::KanMX4*, were recovered and tetrad analysis showed a 2:2 segregation for G418 resistance and ability to utilize galactose, glycerol, and sucrose as unique carbon sources, in agreement with the previously described *snf5* mutant phenotype.

To test the functional complementation of *snf5* mutants by human *hSNF5/INI1*, HA-tagged wild type *SNF5* and *hSNF5/INI1* were cloned, downstream of the ADH promoter in the multicopy vector pVT102U. As no clone was obtained by transforming the *snf5Δ* diploid, *snf5* heterozygotes were transformed, then selected and induced for sporulation. The *snf5Δ* haploid transformants were identified by G418 resistance.

To test the phenotype reversion, 10-fold serial dilutions of the different wild type and mutant haploid transformants were spotted (5×10^5–5×10^1 cells/ml) onto DO-URA selective media containing various carbon sources: glucose 4% and 2%, raffinose 2%, glycerol 2%, galactose

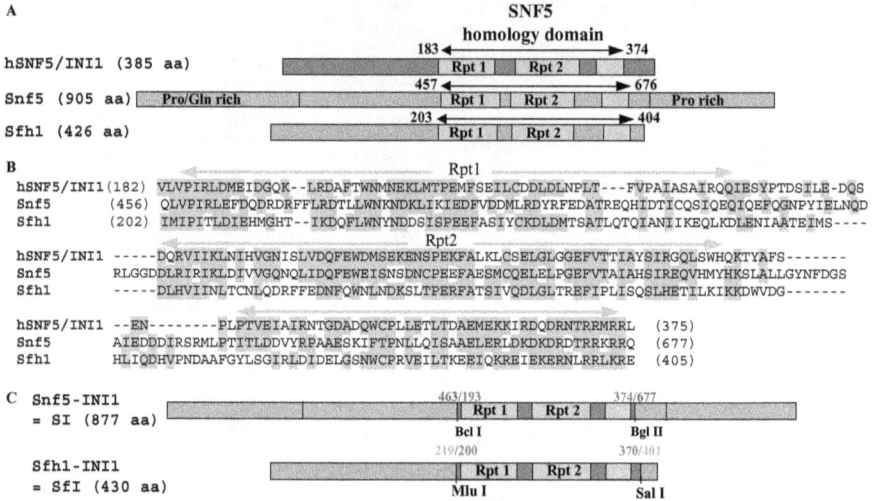

Fig. 1. Scheme of the wild type and recombinant human and yeast Snf5 proteins. (A) The human hSNF5/INI1 and the yeast SNF5 and SFH1 proteins are schematized. Rpt1 and 2 represent the two repeats of the SNF5 domain. The limits of this domain (amino acids) are indicated. Proline/glutamine-rich (Pro/Gln rich) and proline-rich domains (Pro rich) are indicated at the N- and C-terminal ends of the Snf5 protein, respectively. (B) Alignment of the SNF5 homology domains. Boxed amino acids indicate identities and similarities. (C) Scheme of the chimerical constructs used in this study. The positions of cloning sites and fused codons are indicated.

2%, and sucrose 2% (Fig. 2). Western blot analysis showed equivalent levels of expression of HA-Snf5 and HA-INI1 proteins in wild type or mutant haploids (Fig. 2A). HA-SNF5 or HA-INI1 transformed wild type haploids exhibited normal growth in these various media therefore demonstrating that the expression levels obtained were not toxic. As expected, HA-SNF5 fully reversed the snf5 mutant phenotype as transformed snf5Δ haploids exhibited a growth on restrictive media similar to that of wild type SNF5 haploids. In contrast, HA-INI1 was not able to complement the metabolic defect as transformants, similar to

parental deficient cells, could only grow on 4% glucose medium but not on restrictive media (Fig. 2B).

Since hSNF5/INI1 and SNF5 exhibit homology only within the SNF5 domain but show considerable variations in their N- and C-terminal moieties, we decided to swap the yeast SNF5 domain with that of the human protein. Geng et al. [9] have shown that the SNF5 amino acids 485 to 680, encoding the evolutionary conserved repeat motifs Rpt1 and Rpt2, were necessary and sufficient for Snf5 transactivating function. The region encoding the SNF5 homology domain of SNF5 from amino acids 464 to 676 was replaced

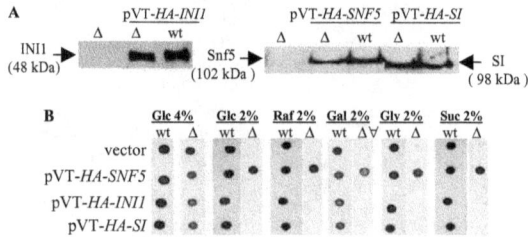

Fig. 2. Analysis of the ability of the yeast snf5 haploid transformants to grow on various carbon sources. (A) Western blot analysis of protein expression. Similar levels are observed with all the constructs. Wt and Δ indicate SNF5 wild type and snf5Δ strains, respectively. (B) Growth on different media is shown. The various wild type or chimerical constructs do not alter growth of the wild type yeast strain. Only the construct encoding the wild type yeast SNF5 gene can complement the snf5 phenotype. Only the 5×10^4 points from 10-fold serial dilutions of cells (5×10^5–5×10^1 cells/ml) are shown. Glc, glucose; Raf, raffinose; Gal, galactose; and Suc, sucrose.

by that of hSNF5/INI1 encoding amino acids 193 to 374 (*HA-SI* construct) (Fig. 1C). This construct was tested using the same procedure as above. *HA-SI* wild type transformants exhibited normal growth indicating the absence of toxic effects. No reversion of phenotype was observed for *HA-SI* transformed *SNF5* deficient cells, despite a strong expression of the protein (Fig. 2A).

This shows that neither full length *hSNF5/INI1*, nor the region encoding its SNF5 homology domain in the context of the yeast gene can complement the *snf5* phenotype.

We then investigated the ability of *hSNF5/INI1* to complement the *SFH1* deficiency using the same strategy. Expression vectors were constructed encoding either wild type Sfh1 protein (*HA-SFH1*) or a chimera in which amino acids 220–400 of Sfh1 were replaced by amino acids 200–370 from hSNF5/INI1 (*HA-Sfl*) (Fig. 1C).

The *sfh1* heterozygote strain (BY4743-eurofane) was obtained by disruption of the *SFH1* locus with a *KanMX4* cassette. Tetrad analysis of the parental *sfh1* heterozygote strain showed the expected 2:2 segregation for G418 sensibility and viability.

HA-SFH1 transformation fully complemented the sporulation defect as four viable spores were observed for each dissection with expression of the HA-Sfh1 protein in both wild type (G418s) and mutant (G418R) spores (Fig. 3A). In contrast, tetrad analyses of *HA-INI1* and *HA-Sfl* transformants demonstrated a 2:2 tetrad pattern as only the two viable G418s wild type spores could be grown. All tested clones were expressing the transformant constructs as shown by HA Western blot analysis (Fig. 3B).

These experiments show that neither full length *hSNF5/INI1* nor the region encoding its SNF5 homology domain can complement the mitotic growth arrest of yeast *SFH1* deficiency.

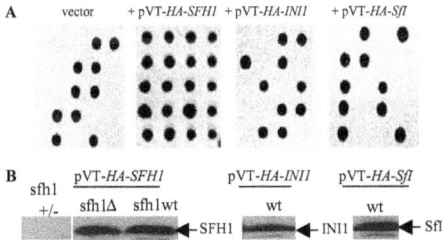

Fig. 3. Tetrad analysis of *sfh1* heterozygotes transformed with the wild type and chimeric constructs. Five tetrads are shown for each transformant. (A) *sfh1+/−* yeast transformed with the empty vector present the expected phenotype with a 2:2 tetrad pattern. The wild type *SFH1* can complement the phenotype and lead to a 4:0 tetrad pattern. In contrast, *hSNF5/INI1* and chimerical *Sfl* yields the same pattern as the parental cells indicating the absence of complementation. All growing spores were G418 sensitive in the empty vector, pVT-*HA-INI1*, and pVT-*HA-Sfl* transformation experiments (data not shown). (B) Western blot analysis of spore proteins. All constructs are expressed at similar levels: HA-Sfh1 (49 kDa), HA-INI1 (48 kDa), and HA-Sfl (48 kDa).

Discussion

The objective of this study was to investigate the hypothesis of *hSNF5/INI1* being able to complement one of its two orthologs in yeast, *SNF5* or *SFH1*. Our results clearly show that neither wild type *hSNF5/INI1* nor the tested chimerical constructs can exert this activity.

Low copy and high copy expression vectors were used to study *snf5* complementation. Both types of vectors were shown to promote efficient complementation when driving wild type *SNF5* expression. Similarly, wild type *SFH1* could fully complement *SFH1* deficiency. A possible toxic effect of *hSNF5/INI1* or of the various chimerical constructs could be ruled out since growth of wild type cells expressing these constructs was not impaired. We also show that the expression levels of the wild type or chimerical tagged proteins were similar.

The absence of complementation of *SNF5* by the human gene contrasts with previous observations with other components of the SWI/SNF complex. Indeed, a *SWI2/BRG1* chimera containing the ATPase domain of BRG1 can fully complement the growth defect and transcription activation capacity of *swi2* cells [17]. Similarly, the DNA-dependent ATPase encoding region of drosophila *brahma* can partially restore normal growth of *swi2* cells [18]. These results indicate that human *BRG1*, drosophila *brahma*, and yeast *SWI2* are functional homologs. Interestingly, the ATPase domain of drosophila ISWI, which is also highly related to that of Swi2, cannot replace its function in yeast [18]. This indicates that regions inside the DNA-dependent ATPase domain contribute to the functional specificity of SWI2 family members. A similar hypothesis may account for the absence of complementation of *snf5* and *sfh1* phenotypes by human *hSNF5/INI1*. Critical residues within the conserved domain may be necessary for species-specific protein–protein interactions or specific post translational modifications. In that respect, the analysis of the proteins associated with wild type or chimerical proteins and, in particular the ability of these to integrate the SWI/SNF or RSC complexes could enable to investigate species-specific interactions. Testing complementation with smaller regions within the SNF5 homology domain may allow to more precisely delineate the subdomain(s) which are responsible for this species-specific function.

Altogether, our results indicate that despite a strong homology between the human and the yeast SNF5 proteins, particularly within the SNF5 domain, no complementation is observed, suggesting that this domain has acquired specific functions during evolution.

Acknowledgments

We thank Alain Nicolas and his team for kindly providing yeast strains and help in methods. V. Bonazzi is a recipient of a fellowship from the Ministère de la

Recherche et de la Technologie. This work was supported by the INSERM, the Institut Curie, and the Comité de Paris of the Ligue Nationale Contre le Cancer (équipe labellisée).

References

[1] I. Versteege, N. Sevenet, J. Lange, M.F. Rousseau-Merck, P. Ambros, R. Handgretinger, A. Aurias, O. Delattre, Truncating mutations of hSNF5/INI1 in aggressive paediatric cancer, Nature 394 (1998) 203–206.

[2] C.W. Roberts, S.A. Galusha, M.E. McMenamin, C.D. Fletcher, S.H. Orkin, Haploinsufficiency of Snf5 (integrase interactor 1) predisposes to malignant rhabdoid tumors in mice, Proc. Natl. Acad. Sci. USA 97 (2000) 13796–13800.

[3] A. Klochendler-Yeivin, L. Fiette, J. Barra, C. Muchardt, C. Babinet, M. Yaniv, The murine SNF5/INI1 chromatin remodeling factor is essential for embryonic development and tumor suppression, EMBO Rep. 1 (2000) 500–506.

[4] C.J. Guidi, A.T. Sands, B.P. Zambrowicz, T.K. Turner, D.A. Demers, W. Webster, T.W. Smith, A.N. Imbalzano, S.N. Jones, Disruption of Ini1 leads to peri-implantation lethality and tumorigenesis in mice, Mol. Cell. Biol. 21 (2001) 3598–3603.

[5] B.R. Cairns, Y.J. Kim, M.H. Sayre, B.C. Laurent, R.D. Kornberg, A multisubunit complex containing the SWI1/ADR6, SWI2/SNF2, SWI3, SNF5, and SNF6 gene products isolated from yeast, Proc. Natl. Acad. Sci. USA 91 (1994) 1950–1954.

[6] C. Muchardt, C. Sardet, B. Bourachot, C. Onufryk, M. Yaniv, A human protein with homology to Saccharomyces cerevisiae SNF5 interacts with the potential helicase hbrm, Nucleic Acids Res. 23 (1995) 1127–1132.

[7] B.R. Cairns, Y. Lorch, Y. Li, M. Zhang, L. Lacomis, H. Erdjument-Bromage, P. Tempst, J. Du, B. Laurent, R.D. Kornberg, RSC, an essential, abundant chromatin-remodeling complex, Cell 87 (1996) 1249–1260.

[8] Y. Cao, B.R. Cairns, R.D. Kornberg, B.C. Laurent, Sfh1p, a component of a novel chromatin-remodeling complex, is required for cell cycle progression, Mol. Cell. Biol. 17 (1997) 3323–3334.

[9] F. Geng, Y. Cao, B.C. Laurent, Essential roles of Snf5p in Snf-Swi chromatin remodeling in vivo, Mol. Cell. Biol. 21 (2001) 4311–4320.

[10] E. Abrams, L. Neigeborn, M. Carlson, Molecular analysis of SNF2 and SNF5, genes required for expression of glucose-repressible genes in Saccharomyces cerevisiae, Mol. Cell. Biol. 6 (1986) 3643–3651.

[11] B.C. Laurent, M.A. Treitel, M. Carlson, The SNF5 protein of Saccharomyces cerevisiae is a glutamine- and proline-rich transcriptional activator that affects expression of a broad spectrum of genes, Mol. Cell. Biol. 10 (1990) 5616–5625.

[12] M. Carlson, Genes affecting the regulation of SUC2 gene expression by glucose repression in Saccharomyces cerevisiae, Genetics 108 (1984) 845–858.

[13] L. Neigeborn, K. Rubin, M. Carlson, Suppressors of SNF2 mutations restore invertase derepression and cause temperature-sensitive lethality in yeast, Genetics 112 (1986) 741–753.

[14] M. Stern, R. Jensen, I. Herskowitz, Five SWI genes are required for expression of the HO gene in yeast, J. Mol. Biol. 178 (1984) 853–868.

[15] C.L. Peterson, I. Herskowitz, Characterization of the yeast SWI1, SWI2, and SWI3 genes, which encode a global activator of transcription, Cell 68 (1992) 573–583.

[16] J.M. Hsu, J. Huang, P.B. Meluh, B.C. Laurent, The yeast RSC chromatin-remodeling complex is required for kinetochore function in chromosome segregation, Mol. Cell. Biol. 23 (2003) 3202–3215.

[17] P.A. Khavari, C.L. Peterson, J.W. Tamkun, D.B. Mendel, G.R. Crabtree, BRG1 contains a conserved domain of the SWI2/SNF2 family necessary for normal mitotic growth and transcription, Nature 366 (1993) 170–174.

[18] L.K. Elfring, R. Deuring, C.M. McCallum, C.L. Peterson, J.W. Tamkun, Identification and characterization of Drosophila relatives of the yeast transcriptional activator SNF2/SWI2, Mol. Cell. Biol. 14 (1994) 2225–2234.

[19] C. Kaiser, S. Michaelis, A. Mitchell, Methods in yeast genetics, Cold Spring Harbor Laboratory, Cold Spring Harbor (1994).

II. Recherche de nouveaux partenaires d'interaction de INI1

Comme je l'ai présenté dans l'introduction, plusieurs partenaires d'interaction avaient été identifiés pour la protéine humaine INI1. Cependant, aucun ne permettait l'orientation vers un mécanisme d'action de INI1 en rapport avec le développement des tumeurs rhabdoïdes.

Afin d'identifier de nouveaux partenaires, un projet collaboratif a été monté entre l'Institut Curie et la société Hybrigenics. Dans ce cadre, un crible double hybride concernant la protéine INI1 et son homologue SNR1 chez la drosophile a été entrepris. Ce projet apportait le double avantage de cribler en parallèle les banques des deux organismes et de comparer les résultats. Ce crible a permis d'identifier de nouveaux partenaires dont l'interaction a ensuite été validée moléculairement et fonctionnellement. C'est ce travail que je présente dans cette deuxième partie et qui fera bientôt l'objet d'un article.

1. Matériels et Méthodes

a. Souches de levure, milieux de sélection et transformation

Les souches parentales L40 et Y187 sont entretenues sur YPD et transformées selon la procédure classique à l'acétate de lithium, avec 10µg d'ADN. La souche L40 (Mata, *his3D00, trp1-901, leu2-3112, ade2 LYS2 ::(4lexAop-HIS3)*) est transformée avec les appâts clonés dans le vecteur pB27. Les transformants sont sélectionnés sur un milieu sans tryptophane (DO-W). La souche Y187 (Matα, *ura3-52, his3-200, ade2-101, trp1-201,leu2-3,112, gal4Δ, met-, gal80Δ, URA3 ::GAL1$_{UAS}$-GAL1$_{TATA}$-lacZ*) est transformée avec les banques de proies humaines et de drosophile, clonées dans le vecteur pGAD et sélectionnée sur milieu sans leucine (DO-L).

Les diploïdes exprimant les 2 types de vecteurs sont donc sélectionnés sur les milieux DO-W-L et l'interaction activant la transcription du gène de prototrophie *HIS3* est observée sur DO-W-L-H.

b. Vecteurs et clonage

Les vecteurs pBluescript-INI1, pCDNA-HA-INI1 et les différents mutants de délétionsΔ1, Δ2 et Δ3 utilisés au cours de ces travaux ont été précédemment décrits (Muchardt et al., 1995). Les vecteurs utilisés dans le test double hybride, pB27 et pGAD sont fournis par Hybrigenics. Le vecteur pGEX-4T2 est commercialisé par Pharmacia Biotech et pRK5-Myc est un don de M.Camonis. Le vecteur pME-FLAG-LOK est un don de M. Kuramochi (Kuramochi et al., 1997).

Construction des vecteurs pour le double hybride : Le clonage des appâts, les ADNc de *INI1* humain et *Snr1* de drosophile, se fait en 3' du domaine de liaison de LexA dans le vecteur pB27. Après création par mutagénèse dirigée de sites *NheI* de part et d'autre de INI1 dans pBluescript-INI1, l'ADNc est isolé après digestion *NheI*. Les oligonucléotides utilisés sont indiqués dans le **tableau 4**. Les inserts issus de la digestion par *NheI* sont clonés dans le vecteur pB27 au site SpeI. Les mutants ponctuels de INI1 ont été construits par mutagénèse dirigée à partir du plasmide pB27-INI1 (oligos 170-fw, 170-rev, 185-fw, 185-rev, 1022-fw et 1022-rev). La séquence codante de Snr1 a été amplifiée par PCR à partir du vecteur pNB40-Snr1 (don de M.Dingwall) avec des oligonucléotides permettant la création de sites SfiI en 5'(Snr1 A) et 3'(Snr1 B). De même, les mutants de délétions de INI1 dans le vecteur pB27 ont été construits à partir du vecteur pBluescript-INI1, avec des oligonucléotides qui ajoutent des sites *SfiI* en 5' et en 3' des domaines, en conservant les mêmes limites que celles définies dans les constructions Δ1 et Δ3 présentées précédemment. Les proies sont clonées au niveau des sites *SfiI* du vecteur pGAD contenant le domaine activateur de GAL4.

Tableau 4 : Oligonucléotides utilisés pour les clonages dans le vecteur pB27 pour le double hybride et pour la récupération des séquences des cibles potentielles

Clonage	nom de l'oligo	séquence (5'=>3')
INI1	Mut S1	CGCCGCAATGCTAGCGATGGCGCTGAGCAAGACCTTCGGG
	Mut S2	CCCGAAGGTCTTGCTCAGCGCCATCGCTAGCATTGCGGCG
	Mut S3	CCCATCAGCACACGGCTAGCACGGAGCATCTCAGAAGATTGG
	Mut S4	CCAATCTTCTGAGATGCTCCGTGCTAGCCGTGTGCTGATGGG
Mutants de INI1	Δ1-Sfi1-5'	CGCAGGGCCGGACGGGCCGGTGGTGCCTTCACCTGGAACATGAA
	Δ1-Sfi1-3'	GCGAGGCCCCAGTGGCCTTCTGAGATGCTCCGTGGGA
	Δ3-Sfi1-5'	CGCAGGGCCGGACGGGCCGGTGGTATGGCGCTGAGCAAGACCTT
	Δ3-Sfi1-3'	GCGAGGCCCCAGTGGCCTCGCTGAAGGCGTAGGTCTT
	170-fw	CTGTACAAGAGATACTCCTCACTCTGGAGGCG
	170-rev	CGCCTCCAGAGTGAGGAGTATCTCTTGTACAG
	185-fw	GAGTGGGACATGTTAGAGAAGGAGAACTCACC
	185-rev	GGTGAGTTCTCCTTCTCTAACATGTCCCACTC
	1022-fw	GTGGAGATTGCCATCCTGAACACGGGCGATGCG
	1022-rev	CGCACCGCCCGTGTTCAGGATGGCAATCTCCAC
Snr1	Snr1-A	CGGAATTCATGGCACTGCAGACATACGG
	Snr1-B	GGACTAGTTCACCAACCAGTTGTGGTATTG

Clonage des domaines minimum d'interaction (DIM) : Les DIM de BAF155, BAF170 et STK10 ont été récupérés par amplification par PCR à partir des ADN plasmidiques extraits des clones de levure vérifiés par séquençage. Les oligonucléotides utilisés sont indiqués sur les **figures 24 et 25**. Ainsi, les DIM-155 et DIM-170 sont respectivement clonés en SalI/NotI et BamHI/NotI dans pGEX-4T2 et tous les clonages dans pRK5-Myc se font aux sites BamHI/EcoRI.

GCC-ACC-ATG-GAG-CAG-AAG-CTG-ATC-TCC-GAG-GAG-GAC-CTG-GGATCC-CTG-GAATTC-CTGCAG-AAGCTT
　　　　　M　E　Q　K　L　I　S　F　E　D　L　　BamHI　　EcoRI　PstI　HindIII

Tag Myc

MCS

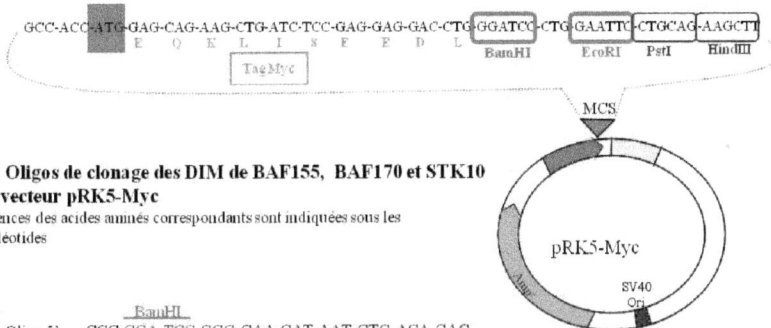

Fig. 24: Oligos de clonage des DIM de BAF155, BAF170 et STK10 dans le vecteur pRK5-Myc

Les séquences des acides aminés correspondants sont indiquées sous les oligonucléotides

pRK5-Myc

SV40 Ori

Amp

DIM-155

Oligo 5' BamHI
CGC-GGA-TCC-GGG-GAA-GAT-AAT-GTG-ACA-GAG
　　　　G　S　　G　E　D　N　V　T　E

Oligo 3' NotI   EcoRI
CTC-GAG-TAG-CTA-GTG-TCT-AGA-GCGGCCGC-GAATTC-CGG
L　E　*

DIM-170

Oligo 5' BamHI
CGC-GGA-TCC-CAC-ATC-ATC-ATT-CCC-AGC-TAC-GCT
　　　　G　S　H　I　I　I　P　S　Y　A

Oligo 3' NotI   EcoRI
CTG-CAG-CCC-AAG-ACA-CCT-CAG-TAG-GCGGCCGC-GAATTC-CGG
L　Q　P　K　T　P　Q　*

DIM-Stk10

Oligo 5' NotI   BamHI
AAGGAAAAAA-GCG-GCC-GCA-GGA-TCC-CTG-TCG-CTG-AAC-AAA-GAG-AT
　　　　　　　A　A　A　G　S　L　S　L　N　K　E

Oligo 3' EcoRI   BamHI
AAC-CAG-ACC-CAG-CTG-AGT-AAC-AAG-TAA-GCG-GAATTC-GGATCC-
N　Q　T　Q　L　S　N　K　*

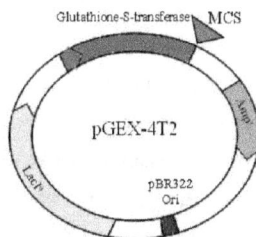

Glutathione-S-transferase MCS

Fig. 25: Oligos de clonage des DIM de BAF155 et BAF170 dans le vecteur pGEX-4T2

Les séquences des acides aminés correspondants sont indiquées sous les oligonucléotides

pGEX-4T2

Amp

LacIq

pBR322 Ori

DIM-155

Oligo 5' SalI   NdeI
AC-GCG-TCG-ACA-TAT-GGG-GAA-GAT-AAT-GTG-ACA-GAG
　　　　S　T　Y　G　E　D　N　V　T　E

Oligo 3' NotI
CTC-GAG-TAG-CTA-GTG-TCT-AGA-GCGGCCGC-AAAAGAAAA
L　E　*

DIM-170

Oligo 5' BamHI   NdeI
CGCGGA-TCC-CAT-ATG-CAC-ATC-ATC-ATT-CCC-AGC-TAC-GCT
　　　　G　S　H　M　H　I　I　I　P　S　Y　A

Oligo 3' NotI
CTG-CAG-CCC-AAG-ACA-CCT-CAG-TAG-GCGGCCGC-AAAAGAAAA
L　Q　P　K　T　F　Q　*

111

c. Culture cellulaire, transfection transitoire de plasmides et de SiARN

Les lignées cellulaires utilisées sont des lignées rhabdoïdes cultivées en RPMI 1640 Glutamax supplémenté de 10% sérum de veau fœtal et de pénicilline-streptomycine à 100 unités/ml (Invitrogen, Groningen, Pays-Bas). Le clone i2A inductible pour INI1, issu de MON, a déjà été décrit (Medjkane et al., 2004). Brièvement, il contient une construction contenant 2 promoteurs CMV sous contrôle de TetO, l'un dirigeant la synthèse de INI1, l'autre dirigeant celle de la GFP qui sert de rapporteur. Ce clone est conservé en hygromycine (50µg/ml) et G418 (300µg/ml), sous la forme non induite en présence de tétracycline à 1µg /ml. Les transfections plasmidiques se font avec le kit effectene selon la procédure recommandée par le fournisseur (Qiagen). Les cellules rhabdoïdes MON cotransfectées avec les plasmides d'intérêt et un vecteur de résistance à la puromycine, sont ensuite soumises à une sélection puromycine (2µg/ml) 24h post-transfection, la récupération ayant lieu 72h post-transfection pour analyse (Versteege et., 2002). Les transfections de SiARN dans les cellules i2A se font 24h après induction, à l'oligofectamine selon le protocole du fournisseur (Invitrogen). Les SiARN utilisés dans cette étude sont issus de chez Ambion pour STK10 (51029), BAF155 (142653), BAF170 (12672). Le SiARN ciblant BRG1 est dirigé contre la séquence ACCAAAGCGACCATTGAGCTC. Le SiARN-GFP provient de chez Proligo (2987594).

d. Techniques d'analyse

• Extraction d'ARN totaux et PCR semi-quantitative : Les ARN sont extraits au TRIzol (Invitrogen). Ils sont ensuite convertis en ADNc en utilisant le « RNA Core Kit » (Applied Biosystems) et analysés par PCR semi-quantitative, avec le kit SYBR Green PCR Master Mix (Applied Biosystems). Pour STK10, les oligonucléotides sont STK10-S1 (5'-CTGGCAACGTGCTGATGACC-3') et STK10-S2 (5'-GTGCCGATGAAGGAATCTCG-3').

• Incorporation de BrdU et analyse du cycle cellulaire : Les cellules sont marquées au BrdU (30µM) pendant 30 min à 37°C avant récolte. Après fixation en 70% éthanol et marquage avec un anticorps anti-BrdU (Harlan Sera-Lab, Hillcrest, GB) (Versteege et al., 2002), les cellules sont incubées à l'iodure de propidium (50µg/ml) (sigma-Aldrich, St-Louis, USA) puis analysées sur FACSscan (Becton Dickinson).

• Extractions de protéines : Les cellules sont trypsinées puis centrifugées 5 min à 1200rpm. Les culots sont récupérés dans 3 volumes de tampon de lyse [Tris pH7.5 50mM, MgCl$_2$ 10mM, NaCl 150mM, 0,1%Triton, 10% Glycérol], complété d'inhibiteurs de protéases (Roche) et de phosphatases (Na$_3$VO$_4$ 1mM, NaF 5mM). Le mélange est alors posé sur glace pendant 30 min puis centrifugé à 13000 rpm pendant 30 min, à 4°C. Les surnageants sont récupérés et quantifiés par dosage Bradford. Pour l'extrait nucléaire, les cellules sont récupérées dans 2 volumes de tampon hypotonique (Tris pH7.9 10mM, EDTA pH8 0,2mM, KCl 10mM, $MgCl_2$ 1,5mM, Glycérol 20%, 0,2mM DTT extempo). Après une centrifugation de 5 min à 2000rpm, les culots sont repris dans 3 volumes de tampon hypotonique et mis sur glace pendant 10 min. Les lysats transférés dans un « dounce » sont broyés doucement 5 fois puis centrifugés 15 min à 3500rpm. Les surnageants contenant les protéines cytoplasmiques sont stockés à –20°C, les culots sont récupérés pour subir un choc osmotique. Par un goutte à goutte au dessus d'un vortex 1/2 volume de tampon low salt (Tris pH7.9 20mM, EDTA pH8 0,2mM, KCl 20mM, $MgCl_2$ 1,5mM, Glycérol 20%, 0,2mM DTT extempo), puis tampon high salt (Tris pH7.9 20mM, EDTA pH8 0,2mM, KCl 0,8M, $MgCl_2$ 1,5mM, 0,2mM DTT extempo) sont rajoutés. Les lysats transférés dans un « dounce » sont broyés doucement 10 fois puis tournés sur roue pendant 30 min à 4°C. Une centrifugation d'une heure à 13000rpm permet de récupérer les protéines nucléaires contenues dans les surnageants.

- Traduction in vitro : Les traductions in vitro des mutants de délétion de INI1 ont été faites selon le protocole du kit Promega, utilisant 1µg de plasmide et de la [^{35}S] Méthionine.

- Immunoprécipitation : Les protéines G Sepharose (4fast flow Amersham) sont lavées trois fois dans du PBS-0,1% NP40 puis saturées en BSA 3%, 1h à température ambiante. Après trois lavages dans le tampon d'immunoprécipitation (Tris pH7.5 50mM, $MgCl_2$ 10mM, NaCl 150mM, 0,1%Triton, 10% Glycérol), 25µl des protéines G sont mélangés à 100-200µg d'extraits protéiques, avec des inhibiteurs de protéases et de phosphatases (Na_3VO_4 1mM, NaF 5mM) et incubés une nuit à 4°C. Le lendemain, l'anticorps adéquat est ajouté au mélange et mis à 4°C sur roue, pendant 4h. Les protéines G sont ensuite récupérées, lavées 3 fois dans le tampon d'immunoprécipitation et reprises dans du Laemmli 1X.

- Production de protéines de fusion GST et GST-Pull down : Les bactéries BL21 contenant les constructions GST-interactants sont mises en culture à 37°C, jusqu'à atteindre une DO_{600} proche de 0,7. La production de GST est ensuite induite à l'IPTG 100mM, pendant 2h à 37°C. Les cultures sont ensuite culotées par centrifugation (15 min à 5000rpm) et les culots sont stockés à –20°C pendant une durée minimum d'une heure. Ils sont repris en PBS puis soniqués 2 fois 20 secondes. Une centrifugation de 5 min à 5000rpm, permet d'éliminer tous les débris bactériens. Les surnageants sont alors mis en présence de Glutathione-Sépharose 4B (Amersham), le couplage se faisant à température ambiante pendant une heure. Par centrifugation, les surnageants sont éliminés et les GST-couplées à la protéine d'intérêt récupérées. Lors de la réaction de GST-Pull down, 50µl de GST-couplées sont mises en présence de 200 à 300µg d'extraits protéiques, avec des inhibiteurs de protéases et de phosphatases (Na$_3$VO$_4$ 1mM, NaF 5mM), sur roue à 4°C, pendant 3h. Les protéines sont ensuite lavées 3 fois dans le tampon de réaction (150mM NaCl, 0,1%NP40) puis récupérées dans du Laemmli 1X.

- Western blot : 20 à 50µg d'extrait protéique sont déposés sur gels SDS-PAGE de 8, 10 ou 12% et transférés sur une membrane de nitrocellulose (Transblot transfer medium 0,2µm, Biorad) selon la méthode de transfert semi-sec pour les protéines de moins de 100kD, et celle du transfert liquide pour les plus grosses protéines. Les membranes sont saturées en TSBT-lait (250mM Tris pH8, 1,25M NaCl, 0,3% Tween 20, 5% Lait) pendant 30 min. Les anticorps primaires sont dilués dans du TSBT et incubés comme indiqués dans le tableau ci-dessous. Les anticorps secondaires, incubés 1h à température ambiante, sont dilués au 1/10000 pour l'anti-chèvre (Santa Cruz) et au 1/3000 pour l'anti-lapin et l'anti-souris (Amersham Biosciences). Les protéines sont ensuite révélées par chemoluminescence (Kit Supesignal West pico Chemiluminescent Substrate de Perbio).

Tableau 5 : Anticorps primaires utilisés en western blot

Anticorps Primaires	Masse Moléculaire (kDa)	Type	Origine	Dilution	incubation
α-INI1 (Abcam)	48	polyclonal	Lapin	1/500	sur la nuit à 4°C
α-HA (12CA5)	-	monoclonal	Souris	1/500	sur la nuit à 4°C
α-Myc (9E10)	-	monoclonal	Souris	1/500	sur la nuit à 4°C
α-Flag M2 (Roche)	-	monoclonal	Souris	1/500	sur la nuit à 4°C
α-GFP (Roche)	24	monoclonal	Souris	1/1000	sur la nuit à 4°C
α-BAF155 (sc9746)	155	polyclonal	Chèvre	1/500	3h à température ambiante
α-BAF170 (Muchardt)	170	polyclonal	Lapin	1/1000	3h à température ambiante
α-BRG1 (sc10768)	180	polyclonal	Lapin	1/200	3h à température ambiante
α-BRM (sc17828)	190	polyclonal	Chèvre	1/200	3h à température ambiante

2. Résultats et Discussion

Les protéines entières INI1 et SNR1 ont été utilisées en tant qu'appâts. La protéine humaine étant exprimée de manière ubiquitaire, nous avons choisi une banque d'ADN complémentaires partiels issus d'un tissu placentaire. Pour SNR1, nous avons utilisé une banque d'ADN complémentaires d'embryons (0-24h) de drosophile. Comme ces banques, obtenues par Random priming à partir d'ARN polyA, sont composées d'ADN complémentaires partiels, elles permettent d'identifier des domaines d'interaction avec l'appât.

La **figure 26** schématise la technique du double hybride employée.

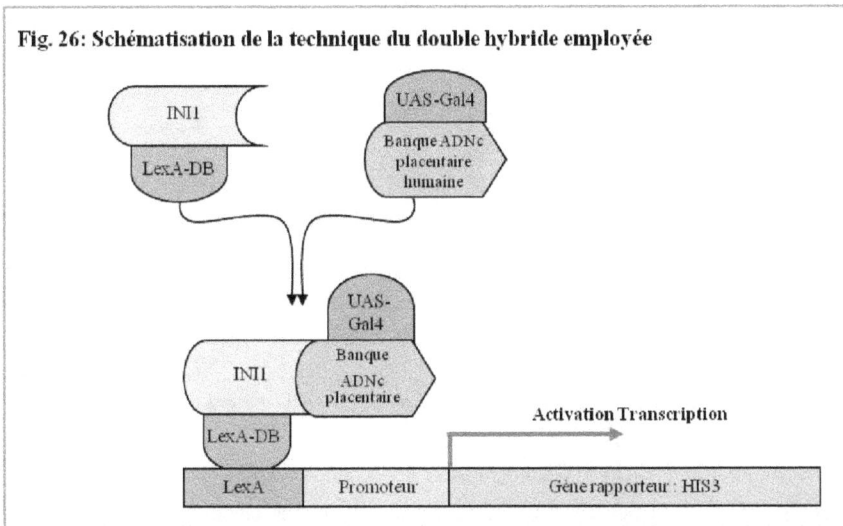

Fig. 26: Schématisation de la technique du double hybride employée

- Les appâts sont clonés en aval du domaine de liaison à l'ADN de LexA, dans le vecteur pB27 portant le marqueur de prototrophie *TRP1*.

- Les proies sont clonées, en fusion avec le domaine activateur du facteur de transcription GAL4 dans le vecteur pGAD portant le marqueur *LEU2*.

- Le gène rapporteur *HIS3* est sous contrôle des séquences activatrices LexA.

Le test de croissance des diploïdes est réalisé sur milieu DO-W-L-H contenant 1mM de 3-AT (3-Amino Triazole), inhibiteur compétitif du produit du gène *HIS3* permettant d'éliminer le bruit de fond. Les expériences ont été réalisées par la société Hybrigenics qui nous a ensuite transmis les résultats bruts.

115

a. Résultats choisis

Le crible double hybride a permis d'extraire une dizaine de proies pour INI1 et une cinquantaine pour Snr1. Ces résultats ont été épurés sur les critères de la redondance et de la fonction connue ou supposée de l'interactant (**fig.27**). L'analyse approfondie s'est ensuite portée uniquement sur les proies de INI1.

Fig. 27: Résultats épurés du crible

crible INI1

gène	Domaines connus	nbre de clones
BAF155	domaine SANT…coiled coil	7
BAF170	domaine SANT…coiled coil	6
Stk10	Kinase	13
GBF1	SEC7. GEF(golgi)	11
CGBP	doigt de Zn (FT)	1
SOX5	HMG box (nucleaire)	1
NPIP	Nuclear pore complex interacting prot	2
HBOA	Histone acetyl transferase	1

Crible Snr1

gène	Domaines connus	nbre de clones
moira	SANT + leu zipper	57
CPT1	Carnitine O-palmitoyltransferase	19
RpS3A	constituant de la struc ribosomale	48
HmgZ	HMG box	5
Ank	death domain.struct cytosquelette	5
jar	actin binding.myosin ATPase	3
fax	Glutathione S-transferase, C-ter	12
ed (echinoid)	EGF-R signaling pathway	3
mbf1	co-activator methyl CpG binding	6
Mcr	a2-macroglobulin	4
Eb1	microtubule binding	7

Les protéines BAF155 et BAF170 ont tout de suite été sélectionnées en tant que membres du complexe SWI/SNF et du fait que leur homologue Moira sorte de façon récurrente dans le crible de Snr1 de drosophile. En effet, les études publiées jusqu'à présent se basent sur des expériences de coimmunoprécipitations qui ne différencient pas une interaction directe d'une interaction indirecte entre INI1 et un membre du complexe.

STK10 est une Sérine-Thréonine Kinase, peu connue mais qui présente un certain intérêt dans la mesure où l'activité du complexe SWI/SNF est susceptible d'être régulée par des phosphorylations.

Viennent ensuite GBF1, facteur d'échange du GTP localisé dans le Golgi, et différents régulateurs de la transcription tels que CGBP, facteur de transcription à doigt de zinc, SOX5, qui contient un domaine HMG, NPIP, protéine interagissant avec les membres du complexe du pore nucléaire et l'histone acétyltransférase HBOA. Ces régulateurs de la transcription exercent un rôle qui pourrait être mis en relation avec les fonctions actuellement connues de INI1 et leur interaction avec INI1 pourrait avoir du sens.

116

Pour chacune de ces proies, la séquence commune à chaque clone a été mise en évidence par alignement des ADNc, ce qui a permis d'identifier d'emblée le domaine d'interaction minimum (DIM). Pour la suite, nous avons choisi trois clones par proie : le DIM seul, un contenant le DIM et la région en amont et un contenant le DIM et la région en aval (**fig.28**).

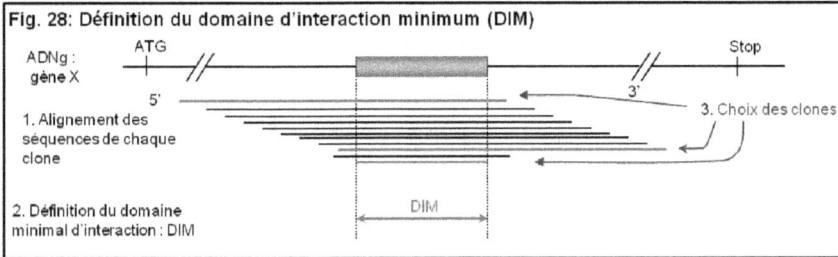

Fig. 28: Définition du domaine d'interaction minimum (DIM)

La composition de ce crible double hybride et les résultats qui en découlent suscitent deux remarques. Tout d'abord, aucune protéine déjà décrite dans la littérature comme interagissant avec INI1, n'a été retrouvée lors de ce crible. Ce résultat peut être imputable à la représentativité de la banque qui n'a pas été testée. De plus, je tiens à souligner que nous avons utilisé une banque d'ADN complémentaires qui sont partiels. Cette caractéristique présente l'avantage de définir une région précise impliquée dans l'interaction pour chaque protéine candidate. Mais les inconvénients existent, par exemple la possibilité d'obtenir des faux positifs où le domaine isolé de la protéine ne possède pas les mêmes propriétés que la protéine native essentiellement au niveau de la conformation, et donc de la capacité à interagir.

Identification du domaine de INI1 impliqué dans l'interaction ?

Pour ces expériences, j'ai utilisé comme appâts des mutants de délétion et des mutants ponctuels de INI1 observés dans les tumeurs, et testé l'interaction avec les proies choisies ci-dessus. Dans ce cas, des doses croissantes de 3-AT ont été utilisées (25-40mM). Les différentes concentrations de 3-AT utilisées permettent de quantifier l'interaction entre les différentes proies et les appâts. Comme le montre la **figure 29**, seules les interactions avec STK10, BAF155 et BAF170 résistent à de fortes concentrations et feront l'objet d'études supplémentaires lors de mon travail de thèse.

Fig. 29 : Quantification des interactions en concentrations croissantes de 3-amino triazole (3AT)

existence intéraction avec INI1	concentration 3 AT				
	1 mM	5 mM	15 mM	25 mM	40 mM
STK10	+	+	+	+	+
BAF 155	+	+	+	+.	-
BAF170	+	+	+	+.	-
GBF1	+	+	-	-	-
CGBP	+.	-	-	-	-

Pour STK10, on observe à nouveau une interaction spécifique avec INI1 sauvage, mais avec aucun des différents mutants même à faible concentration de 3-AT (**fig.30**). Ces résultats montrent que l'interaction avec STK10 nécessite une protéine INI1 native.

Pour les BAF, il est également difficile de définir un domaine d'interaction de INI1 (**fig.30**) car les résultats obtenus varient en fonction des clones étudiés et des concentrations de 3-AT.

Fig. 30 : Test double hybride utilisant comme appât les différents mutants de INI1

Proies \ Appâts	pB27	pB27-INI1	Δ1	Δ3	170	185	1022	milieu sélectif + 3AT
pGAD	-	-	-	-	-	-	-	
	-	-	-	-	-	-	-	5mM
B 1 A 5 F 5	-	+	+	+	+	+	+	
	-	+	+	<	+	+	+	5mM
	-	+/-	+/-	-	+/-	+/-	+/-	15-25mM
	-	-	-	-	<	<	-	40mM
B 1 A 7 F 0	-	+	+	+	+	+	+	
	-	+	+/-	+/-	<	+	+	5mM
	-	+/-	+/-	+/-	<	+	+	15-25mM
	-	<	-	-	-	<	<	40mM
S T 1 K 0	-	+	+	+	+	+	+	
	-	+	+	-	-	<	-	1-3 mM
	-	+	-	-	-	-	-	4-40mM
G B F 1	-	+	+	+	+	+	+	
	-	-	-	-	-	-	-	5mM
	-	-	-	-	-	-	-	15mM
C G B P	-	+	+	+	+	+	+	
	-	<	-	-	-	-	-	1mM
	-	-	-	-	-	-	-	2mM

Pour chaque proie, plusieurs clones ont été testés.

+ : croissance
- : absence de croissance
< : croissance intermédiaire

Milieu sélectif : DO-W-L-H

Mutants figurant dans le tableau

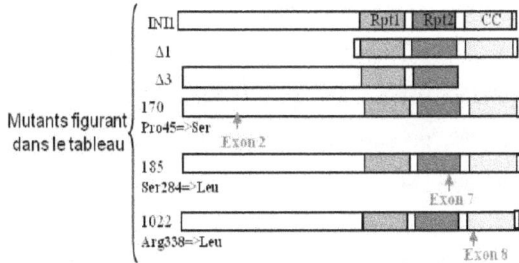

INI1 — Rpt1 Rpt2 CC
Δ1
Δ3
170
Pro45=>Ser   Exon 2
185
Ser284=>Leu   Exon 7
1022
Arg338=>Leu   Exon 8

b. Nous n'avons pas réussi à mettre en évidence l'interaction entre STK10 et INI1

- Présentation de STK10

L'histoire de STK10 débute en 1997, quand l'équipe de Kuramochi recherchait des protéines kinases exprimées et fonctionnelles dans les cellules précurseurs des lymphocytes naïfs chez la souris. Ils ont alors identifié et isolé un nouveau gène de protéine kinase, le gène *LOK* pour **L**ymphocyte-**O**riented **K**inase (Kuramochi et al., 1997), dont la protéine est très fortement exprimée dans les organes lymphoïdes tels que la rate, le thymus et la moelle osseuse.

Chez *S.cerevisiae,* une protéine de la même famille a été identifiée, STE20, qui est à la tête d'une cascade de MAP-Kinases (Mitogen-activated protein kinases) du signal de transduction via les récepteurs aux phéromones couplés aux protéines G. STE20 est impliquée dans la régulation de différents processus tels que la croissance, le cycle cellulaire et l'apoptose (Herskowitz, 1995; Leberer et al., 1992). La famille de STE20 peut être divisée en 2 sous-groupes en fonction de leur structure. La sous-famille PAK (STE20-p21 activated kinase) comprend les protéines STE20 de levure et PAK de mammifères, dont le domaine kinase est localisé en C-terminal. Ces protéines possèdent un domaine N-terminal de liaison à p21 et à CDC42 et ont pour la plupart une fonction de MAP4K (Manser and Lim, 1999; Sells et al., 1997). Ce domaine est absent dans le deuxième sous-groupe, GCK (Germinal Center Kinase) dont les membres possèdent un domaine kinase N-terminal et un domaine putatif de régulation en C-terminal (Kyriakis, 1999).

En 1999, l'équipe de Kuramochi identifie un homologue humain de LOK, STK10 (Sérine-Thréonine Kinase 10) (Kuramochi et al., 1999). Le gène *STK10* localisé en 5q35.1, comporte 19 exons et code une protéine de 130kDa (**fig.32**). La protéine STK10 présente 98% et 93% d'identité avec LOK, au niveau des domaines kinase et coiled-coil, respectivement. Elle est exprimée chez l'homme dans beaucoup de tissus avec une prédominance pour les cellules hématopoïétiques. LOK et STK10 appartiendraient au groupe de GCK de part leur structure protéique et seraient des MAP4K dont la cascade reste à définir.

Plusieurs études ont essayé d'identifier un susbtrat de STK10 et de LOK. Des tests d'activité kinase *in vitro* ont été menés et ont permis de montrer que LOK s'autophosphoryle et phosphoryle d'autres substrats comme l'histone IIA ou la protéine myéline basique, sur des résidus sérine ou thréonine mais jamais sur des tyrosines (Kuramochi et al., 1997). Des expériences de coexpression dans des cellules COS7, de LOK et de MAP-K comme ERK, JNK et p38, ont montré que LOK n'active aucune d'elles contrairement aux autres kinases des sous-groupes PAK et GCK. Il est donc envisageable que LOK soit impliquée dans une nouvelle voie de transduction dans les lymphocytes, différente de celles des cascades connues des MAP-K.

Pour STK10, la recherche de substrat s'est basée sur son homologie avec deux polo-like kinase kinases activatrices de PLK1, la kinase hSLK (SNF1-like kinase) chez l'homme et la protéine xPLKK1 du xénope. Des expériences d'immunoprécipitation ont montré que STK10 interagit avec PLK1 et la phosphoryle *in vitro* (Walter et al., 2003). La surexpression dans des cellules NIH3T3, d'une forme mutée au niveau du domaine kinase agissant comme un dominant négatif de STK10, entraîne une altération du cycle cellulaire et une augmentation de la quantité d'ADN. Les mêmes observations sont faites lors de la surexpression de PLK1 qui induit une endoréplication et des anomalies lors de la cytokinèse. La protéine PLK1 est impliquée dans la formation du fuseau mitotique, la séparation des chromosomes, la maturation des centrosomes et active par phosphorylation les composants du complexe APC (Anaphase Promoting complexe). De plus, PLK1 phosphoryle la cycline B permettant sa relocalisation nucléaire au cours de la prophase (Yuan et al., 2002). Cette kinase appartient donc à différents points de contrôle (checkpoints) du cycle. L'expression et l'activité de STK10 restent constantes tout au long du cycle cellulaire, tout comme son activité (Walter et al., 2003). Ainsi, STK10 serait une nouvelle polo-like kinase kinase qui pourrait coopérer avec hSLK pour réguler la fonction de PLK1.

L'inactivation constitutive de LOK a été réalisée chez la souris (Endo et al., 2000) et les souris lok-/- ont une distribution normale des cellules B et T ainsi que de leurs précurseurs, dans tous les organes lymphoïdes. Au niveau moléculaire, des marqueurs impliqués dans l'agrégation des cellules T stimulées par des mitogènes, tels que LFA-1 (Leucocyte Function-associated Antigen1) et ICAM (intercellular Adhesion molecule), voient leurs taux fortement augmenter, en relation avec une augmentation de l'adhésion cellulaire. Ces résultats définissent donc une fonction de LOK dans la régulation de l'adhésion cellulaire, fonction qui pourrait être mise en relation avec celle de INI1 (Medjkane et al., 2004).

Nous avons vu que BAF155, hBRM et BRG1 subissent des modifications post-traductionnelles au cours du cycle cellulaire (Shanahan et al., 1999; Bourachot et al., 2003). Il est donc envisageable que INI1 soit également modifiée. Chez la levure, SFH1, un des homologues de INI1 est modifié : en phase G1, il est phosphorylé et activé, sa déphosphorylation permet l'entrée en G2/M (Cao et al., 1997). Les derniers travaux de l'équipe de Vries rapportent une fonction de INI1 dans la régulation de la ploïdie et de la stabilité chromosomique en phase M (Vries et al., 2005), et suggèrent une fonction de INI1 en G2/M, qui par exemple pourrait être régulée par phosphorylation par STK10.

- Expression de STK10 dans les lignées rhabdoïdes

Nous avons tout d'abord étudié le niveau d'expression de la kinase dans différentes lignées rhabdoïdes et dans le clone inductible i2A. La lignée Molt4 issue d'un lymphome et décrite dans la littérature comme lignée exprimant fortement STK10, a été prise comme contrôle positif. Comme le montre l'histogramme ci-contre, les différentes lignées rhabdoïdes présentent des niveaux variables de l'ARN messager de STK10. En revanche, l'expression ne varie pas en fonction de la présence ou non de INI1, comme le montre la cinétique d'expression sur 5 jours (**fig.31**). Nous avons donc choisi de poursuivre l'analyse sur la lignée MON et le clone inductible i2A.

Fig. 31: Analyse de l'expression de l'ARN messager de STK10 dans différentes lignées rhabdoïdes et lors d'une cinétique du clone inductible i2A.
Molt4: lignée contrôle positif. De KD à MON: lignées rhabdoïdes et localisation de la tumeur dont elles sont issues. La quantification de l'ARNm a été réalisée par PCR semi-quantitative et normalisée par rapport aux taux de GAPDH.

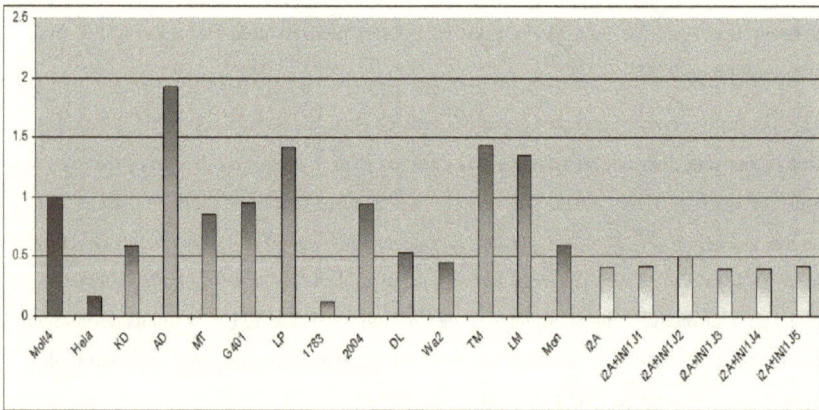

- Construction du DIM-STK10

Nous n'avons pas pu cloner le gène *STK10* entier, probablement à cause de sa séquence extrêmement riche en nucléotides GC. Cependant, le crible double hybride a permis d'identifier le domaine minimum impliqué dans l'interaction (DIM-STK10) avec INI1 (**fig.32**). Ce domaine a donc été cloné dans un vecteur d'expression de mammifères et étiqueté (tag-Myc), ce qui a permis de le coexprimer avec INI1 dans les cellules MON.

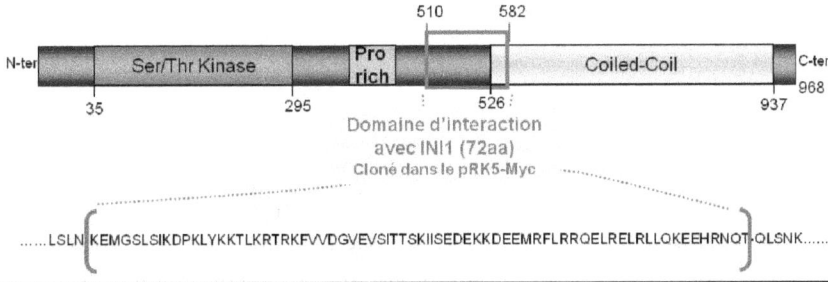

Fig. 32: Représentation schématique de la protéine STK10 et localisation de DIM-STK10
Le carré rouge figure le domaine minimal d'interaction avec INI1, identifié lors du crible double hybride

- Test de l'interaction de INI1-STK10 et de la colocalisation

Des expériences de coimmunoprécipitation ont ensuite été réalisées **(fig.33)** : on observe que le DIM-STK10 ne se fixe pas à INI1. Les mêmes résultats ont été obtenus avec l'homologue de souris LOK (non montrés ici). Ces expériences n'ont donc pas permis de confirmer l'interaction observée en double hybride.

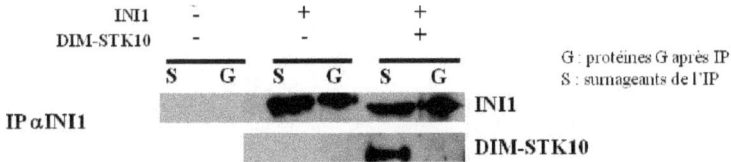

Fig. 33 : INI1 et DIM-STK10 ne coimmunoprécipitent pas

J'ai également investigué l'éventuelle colocalisation de ces protéines par des expériences d'immunofluorescence indirecte sur des cellules MON surexprimant INI1 et DIM-STK10 ou LOK. Alors que INI1 est essentiellement localisée dans le noyau avec exclusion des nucléoles, les protéines LOK et DIM-STK10 présentent une localisation essentiellement cytoplasmique, ce qui suggère une absence de colocalisation au sein de la cellule

Toutefois, la récurrence et la stringence utilisée dans le crible double hybride désignaient STK10 comme un excellent candidat. Ici, nous avons utilisé un contexte rhabdoide où la voie INI1 est invalidée ce qui pourrait expliquer ces résultats négatifs.

123

Pour i2A-INI1, les cellules ont été transfectées une fois à J1. Pour i2A+INI1, les cellules ont été transfectées deux fois: à J1 et à J4.

A. Validation de l'inhibition de l'expression de STK10. Les ARN messagers STK10 ont été quantifiés par PCR semi-quantitative et les valeurs rapportées à la GAPDH qui sert de référence interne.

B. Analyse du cycle cellulaire après marquage de l'ADN à l'iodure de propidium.

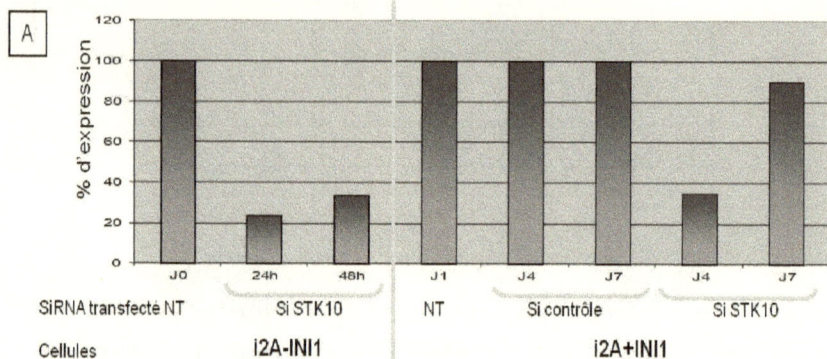

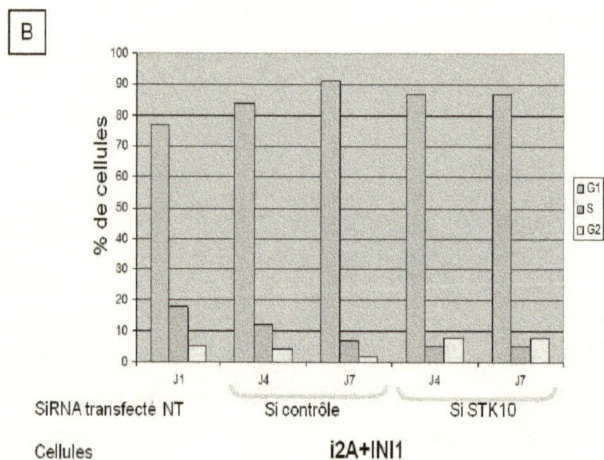

124

- Test fonctionnel

J'ai ensuite entrepris de préciser le rôle éventuel de l'interaction INI1-STK10. A ce titre, j'ai recherché l'existence d'une forme de INI1 phosphorylée en présence de LOK surexprimée (la version DIM-STK10 ne contenant pas le domaine kinase). Les mêmes expériences d'immunoprécipitations ont été réalisées et la présence de résidus sérine et thréonine phosphorylés a été recherchée grâce à des anticorps spécifiques. Ces expériences n'ont pas permis de mettre en évidence une phosphorylation de INI1 (résultats non montrés).

Nous avons ensuite testé si STK10 pouvait modifier la réponse des cellules rhabdoïdes lors de la réexpression de INI1. Le phénotype testé est l'inhibition de l'entrée en phase S. Tout d'abord, nous avons observé que la surexpression concomitante du DIM-STK10 ou de LOK dans les MON réexprimant INI1, ne modifie pas l'arrêt du cycle. D'autre part, des expériences d'interférence ARN ciblée sur STK10 ont également été menées dans ces mêmes cellules. L'inhibition de l'expression de STK10 est efficace et peut atteindre 80% dans les systèmes cellulaires utilisés. Cependant, cette inhibition n'est pas stable au cours du temps car une réexpression est rapidement observée au-delà de 4 jours (**fig.34**). Dans le clone i2A induit pour l'expression de INI1, avec le SiARN contrôle, l'arrêt du cycle a bien lieu avec augmentation du pourcentage de cellules en phase G1 et nette diminution du nombre de cellules en phases S et G2/M. Lors de l'inhibition de l'expression de STK10, le pourcentage de cellules en phase S est encore plus diminué, alors que les cellules arrêtées en G1 semblent atteindre un plateau et celles en phase G2/M s'accumulent. L'arrêt du cycle médié par INI1 semble donc plus précoce à l'inhibition de STK10, résultat qui demande à être reproduit, d'autant qu'au point J7, où l'interférence n'est plus efficace, le même phénomène est observé, ce qui suggère qu'il est aspécifique. On peut remarquer que l'inhibition de STK10, semble augmenter le pourcentage de cellules en phase G2/M, ce qui serait cohérent avec les propriétés déjà décrites pour PLK1 et hSLK.

Conclusion : Ces résultats montrent que STK10 n'a pas d'impact sur le phénotype associé à INI1 au cours du cycle. Toutefois, nous n'avons pas testé d'autres phénotypes.

La validation fonctionnelle de l'interaction INI1-STK10 n'a donc pas été fructueuse et les résultats obtenus tout au long de cette étude me laissent amère. Plusieurs hypothèses peuvent être formulées.

- INI1 et STK10 n'interagissent pas chez les mammifères et le résultat du double hybride est un artéfact expérimental.

- INI1 interagit avec STK10 mais cette interaction est très labile et difficile à mettre en évidence.

125

- INI1 est un substrat de STK10 mais les techniques employées ne permettent pas de visualiser sa phosphorylation. Par exemple, le pool de protéines INI1 phosphorylées pourrait être en faible quantité par rapport à une forme non-phosphorylée et donc non détectable par des techniques de western blot, peu résolutives.

- Nous n'arrivons pas à mettre en évidence l'interaction entre INI1 et STK10 parce que nous ne nous sommes pas positionnés à la phase optimale pour la mettre en évidence. Nous pourrions par exemple sélectionner des cellules bloquées en G2/M, étape où officie STK10, pour augmenter nos chances d'observer l'interaction.

L'interaction entre INI1 et STK10 était alléchante parce qu'elle aurait permis de mettre en évidence la première modification post-traductionnelle de INI1 et surtout de définir un régulateur de sa fonction. Néanmoins l'ensemble de ces résultats nous a conduit à abandonner le sujet STK10.

c. INI1 interagit avec BAF 155 et BAF 170

L'ensemble de ces travaux sur l'interaction entre INI1 et BAF155 et 170 permettent une meilleure compréhension de la structure du complexe SWI/SNF.

- Présentation des BAF

BAF 155 et BAF 170 présentent une très forte homologie de séquence et de structure (62%) et sont toutes deux membres du core complexe de SWI/SNF (BAF pour BRG1 Associated Factor) (Phelan et al., 1999) (**fig.35**). Leur homologue Moira chez la drosophile est également retrouvé en interaction avec SNR1 ce qui renforce le caractère probable de l'interaction.

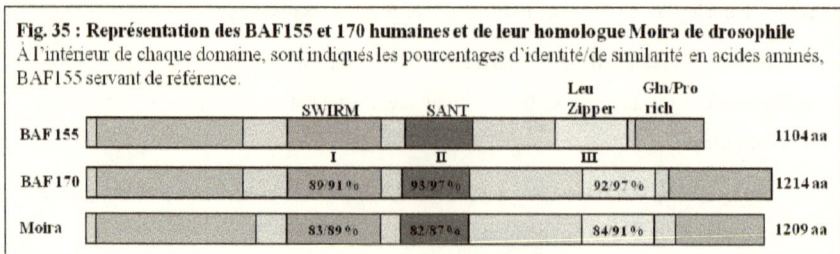

Fig. 35 : Représentation des BAF155 et 170 humaines et de leur homologue Moira de drosophile
À l'intérieur de chaque domaine, sont indiqués les pourcentages d'identité/de similarité en acides aminés, BAF155 servant de référence.

Le crible double hybride a permis d'identifier un domaine minimum (DIM) impliqué dans l'interaction avec INI1 localisé en N-terminal des BAF155 et 170. Ce domaine est très hydrophobe et serait interne au complexe SWI/SNF (**fig.36**).

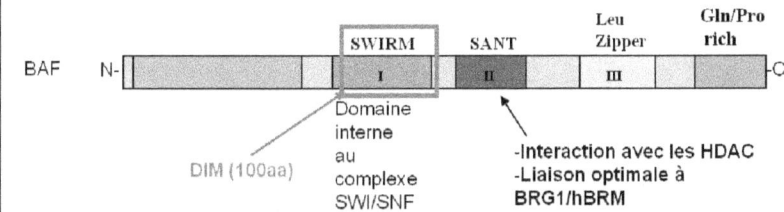

Fig. 36 : Localisation du domaine minimum d'interaction des BAF155 et 170 avec INI1

BAF170 existe sous deux isoformes dans la cellule, issues d'épissages alternatifs au niveau des parties de jonction entre les domaines I et II, et entre le domaine Leucine zipper et le domaine C-terminal riche en glutamine et en proline (**fig.37**). Il n'a pas été décrit de fonction différentielle entre ces deux isoformes mais de manière fort intéressante, on peut noter que le DIM identifié dans notre crible double hybride correspond au domaine SWIRM de l'isoforme 1, ce qui suggère que INI1 interagit préférentiellement avec cette isoforme. Ces deux isoformes de BAF170 sont observables en western blot et nous n'avons pas mis en évidence de différences d'expression de l'une ou l'autre lors de la réexpression de INI1 dans des cellules rhabdoïdes.

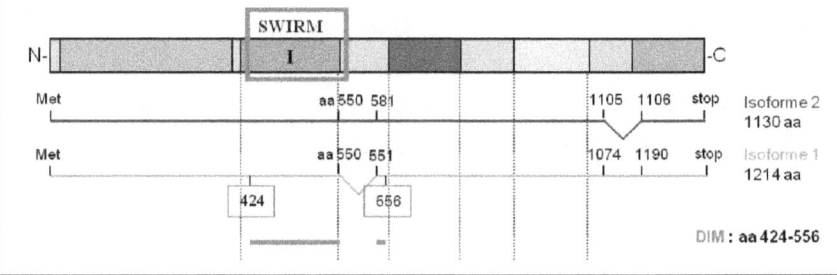

Fig. 37 : Représentation schématique des 2 isoformes de BAF170 issues d'épissages alternatifs

Fig. 38 : Alignement des séquences des DIM de BAF 155 et BAF 170
Les crochets rouges délimitent la séquence des DIM clonés. En jaune sont encadrées les identités existant dans ces domaines.

```
Baf155  KGEDNVTEQTNHIIIPSYA SWFDYNC I HVIERRALPEFFNGKNKSKTPEIYLAYRNFMI
Baf170  - - - - - - - - - - - N - IIIPSYAAWFDYNSVHAIERRALPEFFNGKNKSKTPEIYLAYRNFMI

Baf155  DTYRLNPQEYLTSTACRRNL TGDVCAVMRVHAFLEQWGL VNYQVDPDSWP - - - - - - -
Baf170  DTYRLNPQEYLTSTACRRNL AGDVCAIMRVHAFLEQWGL INYQVDAES RPTPMGPPP

Baf155  - - - - - - - - - - - - - - LGPL E
Baf170  TSHFHVLADTPSGLVPL QPKTPQG
```

- Confirmation des interactions

Les DIM de BAF155 et BAF170 ont été clonés dans des vecteurs pour mener des expériences de GST-pull down et de coimmunoprécipitation. Comme le montre la **figure 39**, une immunoprécipitation des DIM 155 et 170 révèle la présence spécifique de INI1. L'expérience réciproque avec un anticorps dirigé contre INI1, fixe spécifiquement les protéines endogènes BAF155 et BAF 170.

De même, les expériences de GST-pull down montrent une interaction forte de INI1 sur les protéines GST-155 et GST-170. Ces mêmes expériences réalisées avec des mutants de délétion de INI1 produits par traduction *in vitro* ont permis d'identifier le domaine précis de INI1 impliqué. Cette région, Rpt1-Rpt2, contient les deux domaines le plus souvent impliqués dans les interactions avec les autres partenaires de INI1 décrits dans la littérature. Toutes ces expériences ont permis de valider l'interaction et de conclure que cette association directe existe *in vivo*.

L'identification du même domaine d'interaction rpt1-rpt2 pour les protéines BAF155 et BAF170 suggère soit que les complexes BAF155-INI1 et BAF170-INI1 sont distincts, exclusifs l'un de l'autre, soit qu'il existe un sous-domaine pour chaque BAF, soit que plusieurs molécules de INI1 s'associent avec BAF155 et BAF170 dans le même complexe. Pour répondre à cette question, des expériences complémentaires actuelles tentent de préciser l'existence d'une fixation différentielle de BAF155 et BAF170 sur les domaines Rpt1 ou Rpt2 isolés et si ces domaines sont suffisants pour l'interaction avec INI1.

Fig. 39: Validation de l'interaction de INI1 avec BAF155 et BAF170

DIM155 et DIM170 interagissent avec INI1

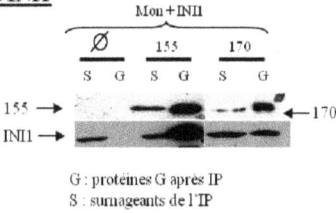

G : protéines G après IP
S : surnageants de l'IP

INI1 fixe les protéines BAF155 et 170 endogènes

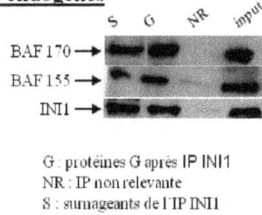

G : protéines G après IP INI1
NR : IP non relevante
S : surnageants de l'IP INI1

Les GST-155 et GST170 fixent INI1

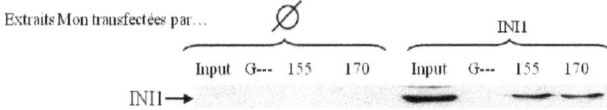

Test d'interaction entre les GST-155 et GST-170 et des mutants de délétion d'INI1 produits par traduction in vitro

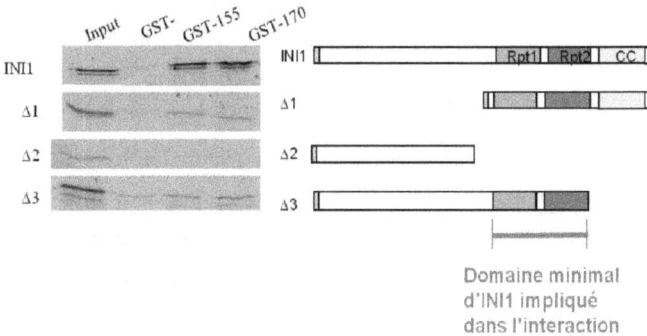

Domaine minimal d'INI1 impliqué dans l'interaction

La localisation de chaque protéine a été analysée par des expériences d'immunofluorescence sur des cellules MON transfectées. L'observation de DIM155 et DIM170 montre une localisation cytoplasmique et une préférence pour la membrane plasmique, ce qui ne correspond pas au profil de INI1 (résultats non présentés). De façon surprenante, ces protéines ne colocalisent pas même s'il était envisageable que les DIM (moins de 20kDa) puissent diffuser passivement au noyau. Pour confirmation, des extraits nucléaires ont été testés par western blot. En absence de INI1, les DIM ont une localisation majoritairement cytoplasmique. Ce profil d'expression est modifié à la réexpression de INI1 qui semble induire une relocalisation nucléaire partielle des DIM (**fig.40**).

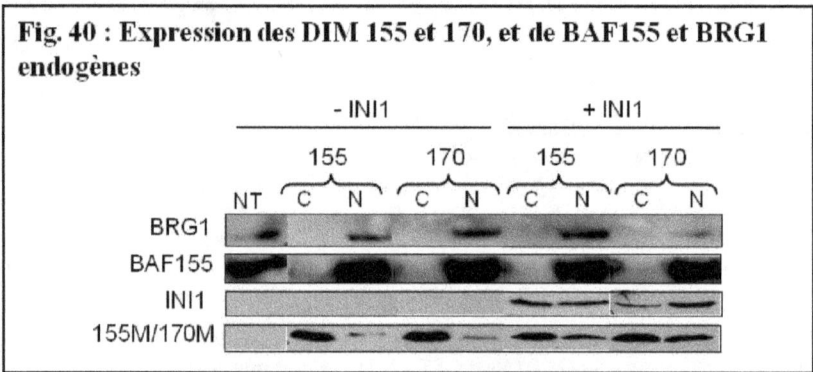

Fig. 40 : Expression des DIM 155 et 170, et de BAF155 et BRG1 endogènes

La localisation observée en immunofluorescence est validée. De plus, ce dernier résultat montre que seule une fraction des DIM colocalise avec INI1 au noyau.

- Test fonctionnel

Après avoir validé l'interaction moléculaire de INI1 avec les BAF, et en collaboration sur ce même sujet avec ma collègue Frédérique Quignon, nous avons souhaité déterminer si l'effet de INI1 sur le cycle était dépendant de l'interaction avec BAF155 et BAF170. L'extension de cette question revient à chercher si l'arrêt du cycle médié par INI1 nécessite le complexe SWI/SNF. Deux approches sont développées dans ce cadre : d'une part en utilisant les DIM 155 et 170 comme éventuels dominants négatifs pour titrer la fixation de INI1, et d'autre part en analysant les effets de INI1 sur le cycle cellulaire après inhibition des BAF par ARN interférence.

Des cellules MON ont été cotransfectées avec INI1 et les DIM des BAF. Après sélection des cellules transfectées, le cycle cellulaire est étudié par incorporation de BrdU et marquage à l'iodure de propidium. On observe alors que l'arrêt du cycle médié par INI1 n'est pas modifié par l'expression des DIM (**fig.41**). Ce résultat surprenant nous a conduit à tester l'intégration de ces DIM au reste du complexe par GST-Pull down et coimmunoprécipitations, expériences qui sont en cours. Nous n'avons donc pas observé l'effet dominant négatif attendu des mutants des BAF sur la fonction de INI1 dans le cycle cellulaire. Néanmoins, les DIM 155 et 170 sont majoritairement cytoplasmiques et INI1 est nucléaire, ce qui suggère une faible titration de INI1 si elle existe. Nous avons donc entrepris d'introduire un signal de localisation nucléaire dans les mutants des BAF afin de les cibler au noyau. L'analyse de leur effet sur le cycle est en cours d'étude.

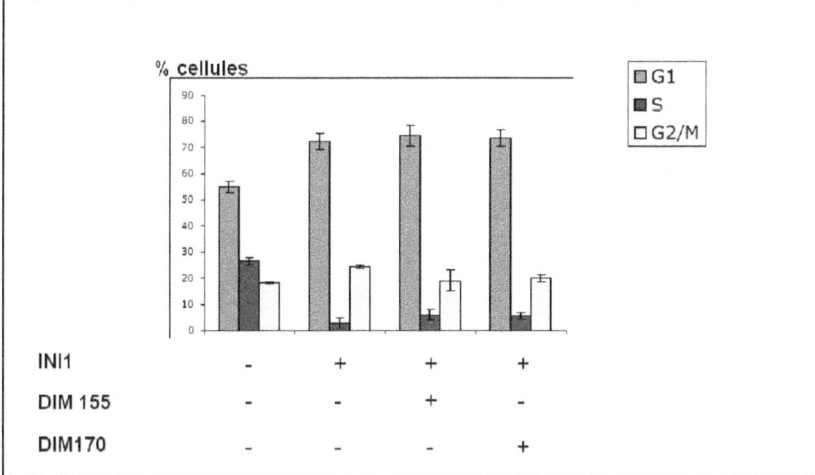

Fig. 41: L'expression des DIM 155 et 170 ne modifie pas l'arrêt du cycle médié par INI1

En parallèle, des expériences d'ARN interférence ont été réalisées avec le clone inductible i2A. L'expression de INI1 étant concomitante à celle de la GFP, nous avons choisi d'utiliser comme contrôle d'interférence un duplexe ciblant l'ARN messager de la GFP dans toutes les expériences (**fig.42**). L'inhibition de l'expression des BAF155 et 170 a été testée par western blot. Une inhibition totale de l'expression de BAF170 est observée. En revanche, 30 à 40% de la protéine BAF155 persiste (**fig.42B.**).

L'analyse par FACS des différentes phases du cycle montre que l'inhibition de BAF155 ou de BAF170 donne le même profil que l'inhibition de celle de la GFP, démontrant que l'arrêt du cycle médié par INI1 n'est pas perturbé (**fig.42A.**). Les protéines BAF étant très proches (**fig.35**), une redondance fonctionnelle est envisageable. Nous avons donc entrepris l'inactivation conjointe de ces deux protéines. Là encore, les mêmes profils d'inhibition ont été observés en protéines. Cependant, l'analyse du cycle montre une réversion partielle du phénotype (**fig.42A.**). Ces résultats suggèrent donc fortement que l'activité des BAF est essentielle à celle de INI1 dans l'inhibition de la phase S. Pour confirmer ce résultat, nous recherchons actuellement des SiARN dirigés contre BAF155 plus efficaces.

Fig. 42: Les BAF155 et 170 semblent nécessaires à l'arrêt du cycle médié par INI1. Les cellules sont transfectées par les SiARN indiqués à J1 et J4 post-induction. L'analyse est faite à J7.
A. Etude de la phase S après transfection avec les SiARN.
B. Expression des protéines analysée en western blot.

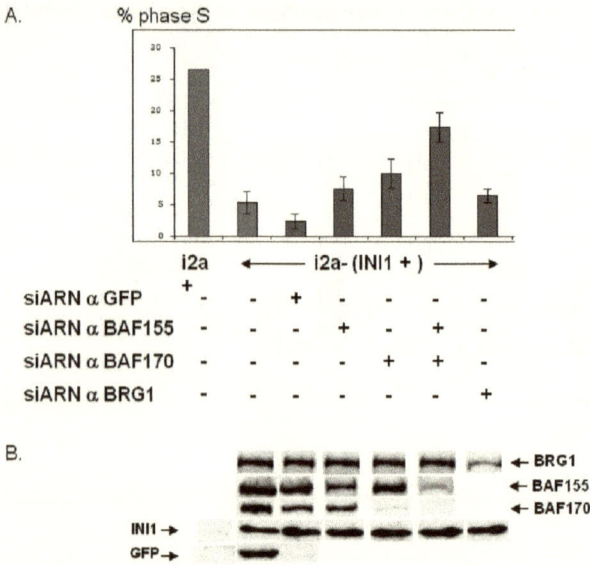

L'implication des BAF dans la fonction de INI1 suppose l'implication du complexe SWI/SNF et donc l'intervention d'une sous-unité ATPase. La sous-unité BRG1 étant fortement exprimée dans les i2A, contrairement à hBRM dont le niveau est indétectable, nous avons choisi de tester l'effet de l'inhibition de BRG1 en suivant les mêmes procédures. Comme pour BAF155, une quantité résiduelle de BRG1 persiste après interférence (**fig.42B.**) et s'accompagne d'une inhibition du cycle équivalente au contrôle. Plusieurs hypothèses sont envisageables :

- Une autre activité ATPasique pourrait compenser la perte de BRG1 comme cela est très bien décrit pour hBRM dans d'autres processus (Reyes et al., 1998, Wang et al., 2004a).

- Le taux d'inhibition de BRG1 n'est pas suffisant pour observer une perte de fonction vis-à-vis de INI1. Là encore, tester d'autres SiARN plus efficaces permettrait de conclure définitivement.

- L'effet de INI1 dans le cycle est indépendant de BRG1, ce qui illustrerait pour la première fois un rôle d'une sous-unité indépendant d'une activité de remodelage de la chromatine.

Dans cette étude, nous avons recherché de nouveaux interactants pour tenter d'élucider les mécanismes d'action de INI1. Nous montrons que les sous-unités BAF155 et BAF170 sont nécessaires à la régulation du cycle, le statut de BRG1 restant encore flou. Des expériences en cours permettront de préciser si le complexe SWI/SNF est réellement impliqué dans cet effet. D'autres phénotypes pourraient être testés. Notre système inductible nous a permis de montrer une implication de INI1 dans la régulation du cytosquelette et l'adhésion cellulaire. Il faudrait donc tester une éventuelle modulation de ces fonctions lors de l'inactivation des BAF 155 et 170, à la réexpression de INI1. Toutefois des mises au point sont à prévoir dans la mesure où ces modifications morphologiques et d'adhésion sont observées plus tardivement que l'arrêt du cycle, et que l'inactivation des BAF ne se maintient pas au cours du temps.

DISCUSSION et PERSPECTIVES

INI1, initialement identifiée comme homologue de la protéine SNF5 de levure, est fonctionnellement différente.

INI1 est un membre du core complexe de SWI/SNF. Très conservé au cours de l'évolution, ce complexe de remodelage de la chromatine contient de multiples sous-unités dont les homologues sont retrouvés de la levure aux mammifères. Chez l'homme, le gène codant la protéine INI1 est unique dans le génome et INI1 fait partie intégrante des différents complexes SWI/SNF décrits (Muchardt et al., 1995). Chez *S.cerevisiae*, deux protéines présentent de fortes homologies de séquences avec INI1. La protéine SNF5 appartient au complexe SWI/SNF de levure et la protéine SFH1 est son paralogue au sein d'un autre complexe de remodelage, le complexe RSC (Dingwall et al., 1995). Ces trois protéines présentent de fortes homologies de séquences, particulièrement au niveau d'un domaine central, le domaine d'homologie de SNF5. Chez la levure, les complexes SWI/SNF et RSC occupent des fonctions non redondantes et aucune complémentation fonctionnelle n'est possible entre les différentes sous-unités homologues de ces deux complexes. J'ai étudié l'homologie fonctionnelle entre ces deux protéines de levure et la protéine humaine INI1 dans l'idée d'utiliser ce modèle cellulaire pour étudier les fonctions de INI1. Les phénotypes induits par la déficience de *SNF5* et *SFH1*, respectivement la déficience de métabolisme des sucres et la létalité, sont des phénotypes faciles à étudier au cours d'un test de complémentation fonctionnelle. J'ai montré que ni la protéine entière INI1, ni des constructions chimériques où le domaine d'homologie de INI1 remplace ceux des protéines de levure, ne sont capables de réverser les phénotypes associés à ces déficiences. Plusieurs hypothèses peuvent être émises. Il est possible que les partenaires d'interaction nécessaires à la fonction de ces protéines aient évolué au cours du temps entre les deux organismes, ce qui expliquerait l'absence de complémentation. Il est fort envisageable qu'il y ait des résidus internes à ce domaine qui précisent une spécificité d'espèces ce qui empêche l'échange des protéines. On peut également imaginer que des modifications post-traductionnelles sont importantes pour la fonction de ces protéines mais qu'elles ne sont pas conservées entre espèces. Les résultats que j'ai publiés montrent que la levure ne peut être utilisée comme modèle d'étude des fonctions de INI1 décrites jusqu'à présent.

Ces données peuvent tout de même susciter une réflexion quant à la nature des phénotypes observés chez la levure et les mammifères. A priori, ni le métabolisme des sucres ni le « switch » sexuel ne sont en rapport direct avec la régulation du cycle cellulaire, ce qui fait de INI1 un homologue médiocre de SNF5. En revanche, pour SFH1, la relation paraît moins lointaine puisque cette protéine est impliquée dans la régulation de la phase G2, ce qui ne correspond toutefois pas à l'effet de INI1 en G1/S et pourrait expliquer l'absence de complémentation fonctionnelle. Toutes ces protéines font partie de complexes de remodelage de la chromatine dont les fonctions sont pléiotropes. Leurs cibles peuvent avoir divergé entre espèces sans que les sous-unités de la famille SNF5 n'aient radicalement changé.

INI1, protéine cellulaire cible des protéines virales

De nombreuses protéines sont la cible de virus qui, soit détournent leur activité à leur profit, soit les inactivent pour permettre ou améliorer leur prolifération. C'est le cas de protéines essentielles comme les protéines Rb et P53. Le fait que INI1 soit également la cible de virus variés suggère d'emblée que cette protéine joue un rôle important. Dans la littérature, plusieurs exemples de détournements de fonctions ont été décrits. Par exemple, l'intégrase du VIH interagit avec la protéine INI1 et cette interaction est une étape indispensable au ciblage du génome viral au noyau cellulaire, à son intégration et à sa réplication (Kalpana et al., 1994). L'absence de INI1 empêche ces processus et « protège » donc la cellule de l'infection.

INI1 interagit également avec les protéines E1 du Papillomavirus (Lee et al., 1999), K8 du KHSV (Hwang et al., 2003) et EBNA2 du virus Epstein Barr (Wu et al., 1996). Là encore, cette interaction facilite à la fois la pénétration du génome viral dans le noyau cellulaire et son intégration. Pour chaque virus, il est possible d'envisager que ce détournement corresponde également au recrutement du complexe SWI/SNF, via INI1, pour remodeler les régions chromatiniennes condensées et augmenter ainsi l'accessibilité des promoteurs des gènes cellulaires cibles, comme cela a été démontré pour KHSV (Gwack et al., 2003). Dans cette étude, le recrutement du complexe SWI/SNF associé à des protéines HDAC au niveau du 5'-UTR diminue le taux d'histone H1 présent dans cette région et aboutit à l'inhibition du « gene silencing » du rétrovirus.

Pour finir, on peut également imaginer que de façon générale, l'interaction de INI1 avec des protéines virales aboutisse à une perte de fonction de INI1 dans la mesure où cette protéine exerce un effet anti-prolifératif. La levée de cette fonction conférerait alors un avantage de croissance aux virus.

L'inactivation de INI1 est responsable des étapes initiatrices du processus oncogénique des tumeurs rhabdoïdes malignes.

Le gène *INI1* est muté de façon biallélique dans les cancers, principalement et presque exclusivement dans les tumeurs rhabdoïdes malignes (TRM). L'inactivation constitutive d'un allèle de *INI1* conduit au développement de tumeurs, chez l'homme et chez la souris. En effet, il existe un syndrome de prédisposition aux tumeurs rhabdoïdes chez l'homme où des mutations constitutionnelles de INI1 ont été identifiées (Biegel et al., 1999; Sevenet et al., 1999a; Sevenet et al., 1999b). Chez la souris, le modèle d'inactivation conditionnelle de *INI1* montre un développement de tumeurs chez 100% des individus hétérozygotes (Roberts et al., 2002). Chez les deux espèces, ces tumeurs présentent une perte d'hétérozygotie somatique. Ces observations démontrent que INI1 est un gène suppresseur de tumeur classique qui répond au modèle de Knudson. De plus, la rapidité de survenue des tumeurs et la létalité précoce chez les souris homozygotes suggère que INI1 est un suppresseur très puissant, peut-être même le plus puissant au sein de cette famille.

Le processus oncogénique lié à l'absence de *INI1* nécessite probablement très peu d'évènements secondaires. Deux arguments majeurs peuvent être retenus : d'une part la rapidité de survenue des tumeurs, d'autre part, l'observation de caryotypes pas ou peu remaniés dans les tumeurs rhabdoïdes (Rousseau-Merck et al., 2005). Il est possible qu'il existe des microdélétions ou des mutations ponctuelles non identifiées, touchant d'autres gènes et qui participeraient à l'établissement du « background » rhabdoïde. Le processus oncogénique passe par l'altération de deux voies essentielles : la prolifération et la survie. Jusqu'à présent INI1 n'est impliquée que dans la régulation de la phase S et aucun rôle n'a été décrit dans la régulation de l'apoptose. Il existe donc probablement un autre évènement pour altérer cette voie. Il est intéressant de noter que des mutants ponctuels faux sens de INI1, retrouvés dans les TRM, sont toujours capables d'arrêter le cycle lors de leur réexpression dans des cellules rhabdoïdes (résultats non publiés). Ces observations suggèrent l'implication de INI1 dans d'autres processus, cela a d'ailleurs été montré très récemment pour le mutant S284L lors du contrôle de la ploïdie (Vries et al., 2005).

La cellule souche des tumeurs rhabdoïdes n'est pas identifiée.

Les tumeurs rhabdoïdes surviennent dans des tissus d'origine embryonnaire variée comme le rein ou le cerveau. La cellule d'origine est donc probablement commune à ces organes mais aucune étude ne permet de s'orienter vers une nature précise. Les marqueurs spécifiquement étudiés en anatomopathologie (Vimentine, Antigène Epithélial de membrane, kératine et actine) ne sont pas non plus révélateurs.

Actuellement, le transcriptome de banques de tissus humains est librement accessible sur le réseau internet. Il serait donc intéressant de comparer ces données avec le profil obtenu pour des cellules rhabdoïdes réexprimant INI1, afin de s'orienter vers une origine tissulaire.

Autre technique, s'intéresser au pouvoir de différenciation des cellules rhabdoïdes. Pour cela, on pourrait soumettre ces cellules à différents traitements connus pour induire telle ou telle différenciation, en présence ou non de INI1.

INI1 exerce un effet antiprolifératif dans des cellules rhabdoïdes.

Tous les travaux concernant la réexpression de INI1 dans des cellules rhabdoïdes déficientes s'accordent à montrer un arrêt du cycle cellulaire en phase G1 avec l'induction de la voie Rb et un blocage de l'entrée en phase S (Versteege et al., 2002; Zhang et al., 2002b; Betz et al., 2002; Reincke et al., 2003; Oruetxebarria et al., 2004; Vries et al., 2005). Cet effet est spécifique des cellules rhabdoïdes dans la mesure où la surexpression de INI1 dans d'autres lignées, non mutées pour ce gène, n'induit aucun changement tant au niveau de la régulation du cycle cellulaire qu'au niveau de la morphologie.

Les travaux menés au laboratoire en réexpression transitoire ont montré que cet arrêt du cycle dépendait de l'intégrité de la protéine Rb du rétinoblastome (Versteege et al., 2002). Des études suggèrent d'ailleurs que les complexes SWI/SNF coopèrent avec Rb dans la répression des gènes cibles de E2F (Zhang et al., 2000). Cependant, des travaux complémentaires doivent être effectués pour confirmer l'implication de Rb dans le rôle de INI1. En effet, dans toutes les publications, la protéine Rb était inactivée par la coexpression de protéines virales telles que E1A de l'adénovirus, l'antigène T de SV40 ou encore E7 du papillomavirus, qui peuvent également agir sur de nombreuses autres protéines. Au laboratoire, un système d'interférence ARN ciblée sur la famille des « pocket protéines » a été mis en place, ce qui a montré que la simple invalidation de Rb, p107 ou p130 ne permet pas d'abolir l'effet inhibiteur de INI1 sur le cycle cellulaire (résultats non publiés). Cependant, on ne peut exclure une redondance fonctionnelle entre les trois membres de cette famille et le knock-down simultané des trois serait nécessaire pour établir définitivement leur implication dans la fonction de INI1.

D'autres équipes ont également montré que la protéine BRG1, mais pas INI1, est requise pour la fonction de Rb dans le contrôle du cycle cellulaire (Dunaief et al., 1994; Trouche et al., 1997; Versteege et al., 2002). Cette différence majeure entre les deux membres du complexe pose donc la question d'un rôle de la protéine INI1 indépendant du complexe SWI/SNF. Afin d'étayer cette hypothèse, des expériences d'interférence ARN sur différents membres du complexe ont été entreprises dans le système de réexpression stable de INI1. Les résultats obtenus montrent que les protéines BAF155 et BAF170 sont nécessaires à l'activité inhibitrice sur la transition G1/S médiée par INI1. L'implication de BRG1 et la compensation par hBRM sont en cours d'étude.

Différentes étapes de régulation de la voie Rb pourraient impliquer l'intervention spécifique de INI1. Des résultats ont montré une accumulation de la forme hypophosphorylée de Rb, lors de l'induction de INI1, ce qui pourrait impliquer selon les auteurs, soit le couple cycline E/CDK2, soit le couple cycline D1/CDK4.

Différentes études ont montré un lien entre INI1 et la cycline E qui, couplée à CDK2, inactive par phosphorylation la protéine Rb, signant ainsi l'entrée en phase S. Un lien fonctionnel existe dans la mesure où des expériences ont montré que la surexpression de la cycline E réverse l'arrêt du cycle induit par INI1 (Versteege et al., 2002). En parallèle, des études chez la drosophile ont montré un lien génétique puisque l'inactivation du gène Snr1 permet la suppression d'une mutation hypomorphe du gène *dCycline E* (Brumby et al., 2002). Ces différentes données permettent de faire l'hypothèse que INI1 agit sur le couple cyclineE/CDK2, conduisant à l'accumulation de la forme hypophosphorylée de Rb. Il est à noter que le niveau d'expression de la cycline E n'est pas affecté (**tableau 2**). Le rôle se situerait plutôt au niveau de l'association de la cycline E et CDK2 pour former un complexe actif comme le suggère l'interaction possible entre INI1 et la cycline E (Shanahan et al., 1999).

D'autres données plus récentes favorisent le couple cycline D1/CDK4. Plusieurs équipes observent que l'expression de INI1 induit une augmentation de l'expression de la protéine p16 (Oruetxebarria et al., 2004; Vries et al., 2005), concomitante à une inhibition de la cycline D1 (Zhang et al., 2002). Certains auteurs montrent une fixation spécifique de INI1 sur les promoteurs de ces deux gènes, *p16* et *cycline D1*, démontrant que la transcription de ces deux gènes peut être régulée par INI1.

Toutes ces données relient INI1 à la voie Rb mais il existe des arguments qui montrent que cette voie n'est pas la seule, en particulier les invalidations chez la souris qui ne conduisent pas aux mêmes phénotypes. L'implication de INI1 dans la voie Rho, facteur activateur de la prolifération, en est également une illustration. L'analyse comparative du transcriptome de la cinétique d'induction du clone i2A montre l'activation de l'expression de deux répresseurs de la voie RhoA, *RhoE* et *Rho-Gap4* (Medjkane et al., 2004). Des expériences actuellement en cours au laboratoire, semblent montrer une inhibition de l'activité de la protéine RhoA, concomitante à la réexpression de INI1 dans des cellules déficientes. Les protéines Rho, essentielles à l'établissement du cytosquelette, jouent un rôle important dans les processus d'oncogénèse. L'inhibition de Rho par INI1 pourrait être un des mécanismes par lequel INI1 exerce son propre rôle de gène suppresseur de tumeur. De plus, l'adhésion cellulaire et le remodelage du cytosquelette d'actine sont des processus essentiels au cours du développement notamment lors de l'établissement de la morphogénèse et de l'organogénèse. Cette implication de INI1 expliquerait pourquoi sa perte de fonction induit principalement un défaut de développement embryonnaire et de plasticité cellulaire.

D'autres membres du complexe SWI/SNF sont impliqués dans la prolifération.

Des résultats montrent que BRG1 permet l'inhibition des couples de cyclines E-A/CDK2 en activant directement la transcription du gène *p21* (Kang et al., 2004). Les protéines INI1 et BRG1 ne font donc pas intervenir les mêmes médiateurs pour inhiber la phosphorylation de Rb. Selon les cas, soit INI1 permet le recrutement de SWI/SNF sur le promoteur de *p16*, soit le complexe est recruté par BRG1 sur le promoteur de *p21* (**figure ci-contre**), le résultat aboutissant quoi qu'il en soit à l'inhibition des couples cyclines/CDK.

Le gène de BAF155, autre protéine essentielle du complexe, a également été retrouvé muté dans certaines tumeurs (Decristofaro et al., 2001). L'invalidation chez la souris conduit à une létalité et à des exencéphalies, phénotypes proches de ceux observés pour BRG1 (Kim et al., 2001). La « cible spécifique » de BAF155, n'a pas encore été définie mais on peut imaginer un modèle dans lequel chacune de ces protéines essentielles serait nécessaire au recrutement du complexe SWI/SNF sur des protagonistes essentiels du cycle cellulaire, régulation nécessaire au bon déroulement du cycle. Les processus tumoraux favorisant l'inactivation de INI1, BRG1 ou BAF 155, ciblent en fait l'inhibition du contrôle du cycle par Rb et s'assurent une prolifération cellulaire non contrôlée.

Peut-on dissocier une fonction de la protéine INI1 du complexe SWI/SNF ?

Le complexe SWI/SNF, lui, peut fonctionner indépendamment de la présence de INI1, idée confirmée par un ensemble de données. Tout d'abord, les études menées sur l'ADN *in vitro* : elles montrent que les ATPases BRG1 et hBRM seules ont une activité catalytique suffisante au remodelage de la structure nucléosomale et proche de celle observée avec un complexe SWI/SNF purifié. INI1 n'est pas indispensable à cette activité mais la potentialise. Par conséquent, l'hypothèse retenue est que INI1 ne serait pas directement impliquée dans le remodelage chromatinien mais participerait, *in vivo*, au recrutement spécifique du complexe SWI/SNF au niveau des promoteurs de gènes spécifiques, via ses interactions avec différents facteurs de transcription, par exemple. La perte de fonction de INI1 entraînerait donc un défaut de régulation de ces cibles, ce qui entraîne par exemple le développement de tumeurs rhabdoïdes chez l'homme et un phénotype de létalité embryonnaire chez la souris. Chez cette dernière, les lignages cellulaires touchés lors de l'inactivation de *INI1* sont différents de ceux observés lors de l'inactivation de *BRG1*, ce qui tend vers des rôles potentiels de INI1 indépendants du complexe.

De plus, dans les tumeurs rhabdoïdes, le complexe est toujours fonctionnel. Pourtant l'absence de INI1, seul évènement identifié actuellement, entraîne un processus oncogène. Mise à part son implication dans la prolifération, qui semble très liée au complexe, INI1 doit sûrement remplir une autre fonction dont la perte conduit au développement de tumeurs. Les résultats obtenus au laboratoire concernant la modification du cytosquelette, sont très intéressants (Medjkane et al., 2004). Nous avons vu que la réexpression de INI1 dans des cellules rhabdoïdes inhibe l'activité de la petite GTPase RhoA, ce qui entraîne une modification de la morphologie cellulaire, avec disparition des fibres de stress et des points focaux d'ancrage, et agit également sur l'adhésion et la mobilité cellulaire. Pour l'instant, aucune relation n'a été établie entre ces phénomènes et d'autres membres du complexe, ce qui suggère un rôle de INI1 indépendant de SWI/SNF mais qui reste encore à démontrer.

Quel est le rôle joué par cette protéine, tel qu'il la rende indispensable au cours du développement embryonnaire et fait de sa mutation un évènement oncogénique conduisant à la formation de tumeurs rhabdoïdes ?

Les modèles souris montrent l'importance de INI1 au cours du développement embryonnaire. Le modèle d'inactivation conditionnelle de la protéine INI1 murine indique qu'une perte de fonction de 50% dans 50% de cellules suffit pour induire un phénotype létal. L'inhibition du complexe SWI/SNF ne semble pas être la seule cible de cette inactivation. D'autant que dans les cellules rhabdoïdes, le complexe est toujours opérationnel. Quelle différence existe-t-il entre les cellules rhabdoïdes, déficientes pour INI1, et les cellules de la lignée C33A où BRG1, hBRM et BAF155 sont absentes? Vu le caractère oncogénique de la perte de fonction de INI1, cette protéine doit forcément avoir un rôle dominant sur une voie essentielle de la prolifération cellulaire.

Références Bibliographiques

Abrams, E., Neigeborn, L. and Carlson, M. (1986) Molecular analysis of SNF2 and SNF5, genes required for expression of glucose-repressible genes in Saccharomyces cerevisiae. *Mol Cell Biol*, 6, 3643-3651.

Adler, H.T., Chinery, R., Wu, D.Y., Kussick, S.J., Payne, J.M., Fornace, A.J., Jr. and Tkachuk, D.C. (1999) Leukemic HRX fusion proteins inhibit GADD34-induced apoptosis and associate with the GADD34 and hSNF5/INI1 proteins. *Mol Cell Biol*, 19, 7050-7060.

Agalioti, T., Chen, G. and Thanos, D. (2002) Deciphering the transcriptional histone acetylation code for a human gene. *Cell*, 111, 381-392.

Agalioti, T., Lomvardas, S., Parekh, B., Yie, J., Maniatis, T. and Thanos, D. (2000) Ordered recruitment of chromatin modifying and general transcription factors to the IFN-beta promoter. *Cell*, 103, 667-678.

Aihara, T., Miyoshi, Y., Koyama, K., Suzuki, M., Takahashi, E., Monden, M. and Nakamura, Y. (1998) Cloning and mapping of SMARCA5 encoding hSNF2H, a novel human homologue of Drosophila ISWI. *Cytogenet Cell Genet*, 81, 191-193.

Armstrong, J.A., Bieker, J.J. and Emerson, B.M. (1998) A SWI/SNF-related chromatin remodeling complex, E-RC1, is required for tissue-specific transcriptional regulation by EKLF in vitro. *Cell*, 95, 93-104.

Baetz, K.K., Krogan, N.J., Emili, A., Greenblatt, J. and Hieter, P. (2004) The ctf13-30/CTF13 genomic haploinsufficiency modifier screen identifies the yeast chromatin remodeling complex RSC, which is required for the establishment of sister chromatid cohesion. *Mol Cell Biol*, 24, 1232-1244.

Baker, K.M., Wei, G., Schaffner, A.E. and Ostrowski, M.C. (2003) Ets-2 and components of mammalian SWI/SNF form a repressor complex that negatively regulates the BRCA1 promoter. *J Biol Chem*, 278, 17876-17884.

Banine, F., Bartlett, C., Gunawardena, R., Muchardt, C., Yaniv, M., Knudsen, E.S., Weissman, B.E. and Sherman, L.S. (2005) SWI/SNF chromatin-remodeling factors induce changes in DNA methylation to promote transcriptional activation. *Cancer Res*, 65, 3542-3547.

Bank, A., Mears, J.G., Ramirez, F., Burns, A.L., Spence, S., Feldenzer, J. and Baird, M. (1980) The organization of the gamma-delta-beta gene complex in normal and thalassemia cells. *Hemoglobin*, 4, 497-507.

Barker, N., Hurlstone, A., Musisi, H., Miles, A., Bienz, M. and Clevers, H. (2001) The chromatin remodelling factor Brg-1 interacts with beta-catenin to promote target gene activation. *Embo J*, 20, 4935-4943.

Bastians, H. and Ponstingl, H. (1996) The novel human protein serine/threonine phosphatase 6 is a functional homologue of budding yeast Sit4p and fission yeast ppe1, which are involved in cell cycle regulation. *J Cell Sci*, 109 (Pt 12), 2865-2874.

Bazett-Jones, D.P., Cote, J., Landel, C.C., Peterson, C.L. and Workman, J.L. (1999) The SWI/SNF complex creates loop domains in DNA and polynucleosome arrays and can disrupt DNA-histone contacts within these domains. *Mol Cell Biol*, 19, 1470-1478.

Belandia, B., Orford, R.L., Hurst, H.C. and Parker, M.G. (2002) Targeting of SWI/SNF chromatin remodelling complexes to estrogen-responsive genes. *Embo J*, 21, 4094-4103.

Bentley, N.J., Holtzman, D.A., Flaggs, G., Keegan, K.S., DeMaggio, A., Ford, J.C., Hoekstra, M. and Carr, A.M. (1996) The Schizosaccharomyces pombe rad3 checkpoint gene. *Embo J*, 15, 6641-6651.

Betz, B.L., Strobeck, M.W., Reisman, D.N., Knudsen, E.S. and Weissman, B.E. (2002) Re-expression of hSNF5/INI1/BAF47 in pediatric tumor cells leads to G(1) arrest associated with induction of p16ink4a and activation of RB. *Oncogene*, 21, 5193-5203.

Bhoite, L.T., Yu, Y. and Stillman, D.J. (2001) The Swi5 activator recruits the Mediator complex to the HO promoter without RNA polymerase II. *Genes Dev*, 15, 2457-2469.

Biegel, J.A., Allen, C.S., Kawasaki, K., Shimizu, N., Budarf, M.L. and Bell, C.J. (1996) Narrowing the critical region for a rhabdoid tumor locus in 22q11. *Genes Chromosomes Cancer*, 16, 94-105.

Biegel, J.A., Zhou, J.Y., Rorke, L.B., Stenstrom, C., Wainwright, L.M. and Fogelgren, B. (1999) Germ-line and acquired mutations of INI1 in atypical teratoid and rhabdoid tumors. *Cancer Res*, 59, 74-79.

Bitter, G.A. (1998) Function of hybrid human-yeast cyclin-dependent kinases in Saccharomyces cerevisiae. *Mol Gen Genet*, 260, 120-130.

Bochar, D.A., Wang, L., Beniya, H., Kinev, A., Xue, Y., Lane, W.S., Wang, W., Kashanchi, F. and Shiekhattar, R. (2000) BRCA1 is associated with a human SWI/SNF-related complex: linking chromatin remodeling to breast cancer. *Cell*, 102, 257-265.

Bourachot, B., Yaniv, M. and Muchardt, C. (1999) The activity of mammalian brm/SNF2alpha is dependent on a high-mobility-group protein I/Y-like DNA binding domain. *Mol Cell Biol*, 19, 3931-3939.

Bourachot, B., Yaniv, M. and Muchardt, C. (2003) Growth inhibition by the mammalian SWI-SNF subunit Brm is regulated by acetylation. *Embo J*, 22, 6505-6515.

Boyer, L.A., Shao, X., Ebright, R.H. and Peterson, C.L. (2000) Roles of the histone H2A-H2B dimers and the (H3-H4)(2) tetramer in nucleosome remodeling by the SWI-SNF complex. *J Biol Chem*, 275, 11545-11552.

Brehm, A., Miska, E.A., McCance, D.J., Reid, J.L., Bannister, A.J. and Kouzarides, T. (1998) Retinoblastoma protein recruits histone deacetylase to repress transcription. *Nature*, 391, 597-601.

Brizuela, B.J. and Kennison, J.A. (1997) The Drosophila homeotic gene moira regulates expression of engrailed and HOM genes in imaginal tissues. *Mech Dev*, 65, 209-220.

Bruder, C.E., Dumanski, J.P. and Kedra, D. (1999) The mouse ortholog of the human SMARCB1 gene encodes two splice forms. *Biochem Biophys Res Commun*, 257, 886-890.

Brumby, A.M., Zraly, C.B., Horsfield, J.A., Secombe, J., Saint, R., Dingwall, A.K. and Richardson, H. (2002) Drosophila cyclin E interacts with components of the Brahma complex. *Embo J*, 21, 3377-3389.

Bultman, S., Gebuhr, T., Yee, D., La Mantia, C., Nicholson, J., Gilliam, A., Randazzo, F., Metzger, D., Chambon, P., Crabtree, G. and Magnuson, T. (2000) A Brg1 null mutation in the mouse reveals functional differences among mammalian SWI/SNF complexes. *Mol Cell*, 6, 1287-1295.

Buratowski, S., Hahn, S., Sharp, P.A. and Guarente, L. (1988) Function of a yeast TATA element-binding protein in a mammalian transcription system. *Nature*, 334, 37-42.

Cairns, B.R., Henry, N.L. and Kornberg, R.D. (1996a) TFG/TAF30/ANC1, a component of the yeast SWI/SNF complex that is similar to the leukemogenic proteins ENL and AF-9. *Mol Cell Biol*, 16, 3308-3316.

Cairns, B.R., Kim, Y.J., Sayre, M.H., Laurent, B.C. and Kornberg, R.D. (1994) A multisubunit complex containing the SWI1/ADR6, SWI2/SNF2, SWI3, SNF5, and SNF6 gene products isolated from yeast. *Proc Natl Acad Sci U S A*, 91, 1950-1954.

Cairns, B.R., Lorch, Y., Li, Y., Zhang, M., Lacomis, L., Erdjument-Bromage, H., Tempst, P., Du, J., Laurent, B. and Kornberg, R.D. (1996b) RSC, an essential, abundant chromatin-remodeling complex. *Cell*, 87, 1249-1260.

Cao, Y., Cairns, B.R., Kornberg, R.D. and Laurent, B.C. (1997) Sfh1p, a component of a novel chromatin-remodeling complex, is required for cell cycle progression. *Mol Cell Biol*, 17, 3323-3334.

Carlson, M., Osmond, B.C. and Botstein, D. (1981) Mutants of yeast defective in sucrose utilization. *Genetics*, 98, 25-40.

Chai, B., Huang, J., Cairns, B.R. and Laurent, B.C. (2005) Distinct roles for the RSC and Swi/Snf ATP-dependent chromatin remodelers in DNA double-strand break repair. *Genes Dev*, 19, 1656-1661.

Chaplin, T., Ayton, P., Bernard, O.A., Saha, V., Della Valle, V., Hillion, J., Gregorini, A., Lillington, D., Berger, R. and Young, B.D. (1995a) A novel class of zinc finger/leucine zipper genes identified from the molecular cloning of the t(10;11) translocation in acute leukemia. *Blood*, 85, 1435-1441.

Chaplin, T., Bernard, O., Beverloo, H.B., Saha, V., Hagemeijer, A., Berger, R. and Young, B.D. (1995b) The t(10;11) translocation in acute myeloid leukemia (M5) consistently fuses the leucine zipper motif of AF10 onto the HRX gene. *Blood*, 86, 2073-2076.

Chen, H.M., Schmeichel, K.L., Mian, I.S., Lelievre, S., Petersen, O.W. and Bissell, M.J. (2000) AZU-1: a candidate breast tumor suppressor and biomarker for tumor progression. *Mol Biol Cell*, 11, 1357-1367.

Cheng, S.W., Davies, K.P., Yung, E., Beltran, R.J., Yu, J. and Kalpana, G.V. (1999) c-MYC interacts with INI1/hSNF5 and requires the SWI/SNF complex for transactivation function. *Nat Genet*, 22, 102-105.

Chi, T.H., Wan, M., Zhao, K., Taniuchi, I., Chen, L., Littman, D.R. and Crabtree, G.R. (2002) Reciprocal regulation of CD4/CD8 expression by SWI/SNF-like BAF complexes. *Nature*, 418, 195-199.

Chiba, H., Muramatsu, M., Nomoto, A. and Kato, H. (1994) Two human homologues of Saccharomyces cerevisiae SWI2/SNF2 and Drosophila brahma are transcriptional coactivators cooperating with the estrogen receptor and the retinoic acid receptor. *Nucleic Acids Res*, 22, 1815-1820.

Choi, E.Y., Park, J.A., Sung, Y.H. and Kwon, H. (2001) Generation of the dominant-negative mutant of hArpNbeta: a component of human SWI/SNF chromatin remodeling complex. *Exp Cell Res*, 271, 180-188.

Clark, J., Rocques, P.J., Crew, A.J., Gill, S., Shipley, J., Chan, A.M., Gusterson, B.A. and Cooper, C.S. (1994) Identification of novel genes, SYT and SSX, involved in the t(X;18)(p11.2;q11.2) translocation found in human synovial sarcoma. *Nat Genet*, 7, 502-508.

Collins, R.T. and Treisman, J.E. (2000) Osa-containing Brahma chromatin remodeling complexes are required for the repression of wingless target genes. *Genes Dev*, 14, 3140-3152.

Connor, J.H., Weiser, D.C., Li, S., Hallenbeck, J.M. and Shenolikar, S. (2001) Growth arrest and DNA damage-inducible protein GADD34 assembles a novel signaling complex containing protein phosphatase 1 and inhibitor 1. *Mol Cell Biol*, 21, 6841-6850.

Corbett, A.H. and Silver, P.A. (1996) The NTF2 gene encodes an essential, highly conserved protein that functions in nuclear transport in vivo. *J Biol Chem*, 271, 18477-18484.

Cosma, M.P., Panizza, S. and Nasmyth, K. (2001) Cdk1 triggers association of RNA polymerase to cell cycle promoters only after recruitment of the mediator by SBF. *Mol Cell*, 7, 1213-1220.

Cote, J., Peterson, C.L. and Workman, J.L. (1998) Perturbation of nucleosome core structure by the SWI/SNF complex persists after its detachment, enhancing subsequent transcription factor binding. *Proc Natl Acad Sci U S A*, 95, 4947-4952.

Cote, J., Quinn, J., Workman, J.L. and Peterson, C.L. (1994) Stimulation of GAL4 derivative binding to nucleosomal DNA by the yeast SWI/SNF complex. *Science*, 265, 53-60.

Csere, P., Lill, R. and Kispal, G. (1998) Identification of a human mitochondrial ABC transporter, the functional orthologue of yeast Atm1p. *FEBS Lett*, 441, 266-270.

de La Serna, I.L., Carlson, K.A., Hill, D.A., Guidi, C.J., Stephenson, R.O., Sif, S., Kingston, R.E. and Imbalzano, A.N. (2000) Mammalian SWI-SNF complexes contribute to activation of the hsp70 gene. *Mol Cell Biol*, 20, 2839-2851.

de la Serna, I.L., Roy, K., Carlson, K.A. and Imbalzano, A.N. (2001) MyoD can induce cell cycle arrest but not muscle differentiation in the presence of dominant negative SWI/SNF chromatin remodeling enzymes. *J Biol Chem*, 276, 41486-41491.

Debernardi, S., Bassini, A., Jones, L.K., Chaplin, T., Linder, B., de Bruijn, D.R., Meese, E. and Young, B.D. (2002) The MLL fusion partner AF10 binds GAS41, a protein that interacts with the human SWI/SNF complex. *Blood*, 99, 275-281.

Decristofaro, M.F., Betz, B.L., Rorie, C.J., Reisman, D.N., Wang, W. and Weissman, B.E. (2001) Characterization of SWI/SNF protein expression in human breast cancer cell lines and other malignancies. *J Cell Physiol*, 186, 136-145.

DeCristofaro, M.F., Betz, B.L., Wang, W. and Weissman, B.E. (1999) Alteration of hSNF5/INI1/BAF47 detected in rhabdoid cell lines and primary rhabdomyosarcomas but not Wilms' tumors. *Oncogene*, 18, 7559-7565.

Dilworth, F.J. and Chambon, P. (2001) Nuclear receptors coordinate the activities of chromatin remodeling complexes and coactivators to facilitate initiation of transcription. *Oncogene*, 20, 3047-3054.

Dingwall, A.K., Beek, S.J., McCallum, C.M., Tamkun, J.W., Kalpana, G.V., Goff, S.P. and Scott, M.P. (1995) The Drosophila snr1 and brm proteins are related to yeast SWI/SNF proteins and are components of a large protein complex. *Mol Biol Cell*, 6, 777-791.

Doan, D.N., Veal, T.M., Yan, Z., Wang, W., Jones, S.N. and Imbalzano, A.N. (2004) Loss of the INI1 tumor suppressor does not impair the expression of multiple BRG1-dependent genes or the assembly of SWI/SNF enzymes. *Oncogene*, 23, 3462-3473.

Dreyling, M.H., Martinez-Climent, J.A., Zheng, M., Mao, J., Rowley, J.D. and Bohlander, S.K. (1996) The t(10;11)(p13;q14) in the U937 cell line results in the fusion of the AF10 gene and CALM, encoding a new member of the AP-3 clathrin assembly protein family. *Proc Natl Acad Sci U S A*, 93, 4804-4809.

Du, J., Nasir, I., Benton, B.K., Kladde, M.P. and Laurent, B.C. (1998) Sth1p, a Saccharomyces cerevisiae Snf2p/Swi2p homolog, is an essential ATPase in RSC and differs from Snf/Swi in its interactions with histones and chromatin-associated proteins. *Genetics*, 150, 987-1005.

Dunaief, J.L., Strober, B.E., Guha, S., Khavari, P.A., Alin, K., Luban, J., Begemann, M., Crabtree, G.R. and Goff, S.P. (1994) The retinoblastoma protein and BRG1 form a complex and cooperate to induce cell cycle arrest. *Cell*, 79, 119-130.

Eberharter, A. and Becker, P.B. (2004) ATP-dependent nucleosome remodelling: factors and functions. *J Cell Sci*, 117, 3707-3711.

Eisen, J.A., Sweder, K.S. and Hanawalt, P.C. (1995) Evolution of the SNF2 family of proteins: subfamilies with distinct sequences and functions. *Nucleic Acids Res*, 23, 2715-2723.

Elfring, L.K., Deuring, R., McCallum, C.M., Peterson, C.L. and Tamkun, J.W. (1994) Identification and characterization of Drosophila relatives of the yeast transcriptional activator SNF2/SWI2. *Mol Cell Biol*, 14, 2225-2234.

Endo, J., Toyama-Sorimachi, N., Taya, C., Kuramochi-Miyagawa, S., Nagata, K., Kuida, K., Takashi, T., Yonekawa, H., Yoshizawa, Y., Miyasaka, N. and Karasuyama, H.

(2000) Deficiency of a STE20/PAK family kinase LOK leads to the acceleration of LFA-1 clustering and cell adhesion of activated lymphocytes. *FEBS Lett*, 468, 234-238.

Estruch, F. and Carlson, M. (1990) SNF6 encodes a nuclear protein that is required for expression of many genes in Saccharomyces cerevisiae. *Mol Cell Biol*, 10, 2544-2553.

Facchini, L.M. and Penn, L.Z. (1998) The molecular role of Myc in growth and transformation: recent discoveries lead to new insights. *Faseb J*, 12, 633-651.

Fero, M.L., Rivkin, M., Tasch, M., Porter, P., Carow, C.E., Firpo, E., Polyak, K., Tsai, L.H., Broudy, V., Perlmutter, R.M., Kaushansky, K. and Roberts, J.M. (1996) A syndrome of multiorgan hyperplasia with features of gigantism, tumorigenesis, and female sterility in p27(Kip1)-deficient mice. *Cell*, 85, 733-744.

Fischer, U., Heckel, D., Michel, A., Janka, M., Hulsebos, T. and Meese, E. (1997) Cloning of a novel transcription factor-like gene amplified in human glioma including astrocytoma grade I. *Hum Mol Genet*, 6, 1817-1822.

Frame, M.C. and Brunton, V.G. (2002) Advances in Rho-dependent actin regulation and oncogenic transformation. *Curr Opin Genet Dev*, 12, 36-43.

Fukuoka, J., Fujii, T., Shih, J.H., Dracheva, T., Meerzaman, D., Player, A., Hong, K., Settnek, S., Gupta, A., Buetow, K., Hewitt, S., Travis, W.D. and Jen, J. (2004) Chromatin remodeling factors and BRM/BRG1 expression as prognostic indicators in non-small cell lung cancer. *Clin Cancer Res*, 10, 4314-4324.

Gao, X.D., Wang, J., Keppler-Ross, S. and Dean, N. (2005) ERS1 encodes a functional homologue of the human lysosomal cystine transporter. *Febs J*, 272, 2497-2511.

Geng, F., Cao, Y. and Laurent, B.C. (2001) Essential roles of Snf5p in Snf-Swi chromatin remodeling in vivo. *Mol Cell Biol*, 21, 4311-4320.

Gibbons, R.J., McDowell, T.L., Raman, S., O'Rourke, D.M., Garrick, D., Ayyub, H. and Higgs, D.R. (2000) Mutations in ATRX, encoding a SWI/SNF-like protein, cause diverse changes in the pattern of DNA methylation. *Nat Genet*, 24, 368-371.

Guidi, C.J., Sands, A.T., Zambrowicz, B.P., Turner, T.K., Demers, D.A., Webster, W., Smith, T.W., Imbalzano, A.N. and Jones, S.N. (2001) Disruption of Ini1 leads to peri-implantation lethality and tumorigenesis in mice. *Mol Cell Biol*, 21, 3598-3603.

Gwack, Y., Baek, H.J., Nakamura, H., Lee, S.H., Meisterernst, M., Roeder, R.G. and Jung, J.U. (2003) Principal role of TRAP/mediator and SWI/SNF complexes in Kaposi's sarcoma-associated herpesvirus RTA-mediated lytic reactivation. *Mol Cell Biol*, 23, 2055-2067.

Happel, A.M., Swanson, M.S. and Winston, F. (1991) The SNF2, SNF5 and SNF6 genes are required for Ty transcription in Saccharomyces cerevisiae. *Genetics*, 128, 69-77.

Harborth, J., Weber, K. and Osborn, M. (2000) GAS41, a highly conserved protein in eukaryotic nuclei, binds to NuMA. *J Biol Chem*, 275, 31979-31985.

Harding, K.W., Gellon, G., McGinnis, N. and McGinnis, W. (1995) A screen for modifiers of Deformed function in Drosophila. *Genetics*, 140, 1339-1352.

Haushalter, K.A. and Kadonaga, J.T. (2003) Chromatin assembly by DNA-translocating motors. *Nat Rev Mol Cell Biol*, 4, 613-620.

Havas, K., Flaus, A., Phelan, M., Kingston, R., Wade, P.A., Lilley, D.M. and Owen-Hughes, T. (2000) Generation of superhelical torsion by ATP-dependent chromatin remodeling activities. *Cell*, 103, 1133-1142.

He, B., Gross, M. and Roizman, B. (1998) The gamma134.5 protein of herpes simplex virus 1 has the structural and functional attributes of a protein phosphatase 1 regulatory subunit and is present in a high molecular weight complex with the enzyme in infected cells. *J Biol Chem*, 273, 20737-20743.

Henderson, A., Holloway, A., Reeves, R. and Tremethick, D.J. (2004) Recruitment of SWI/SNF to the human immunodeficiency virus type 1 promoter. *Mol Cell Biol*, 24, 389-397.

Hendricks, K.B., Shanahan, F. and Lees, E. (2004) Role for BRG1 in cell cycle control and tumor suppression. *Mol Cell Biol*, 24, 362-376.

Hernando, E., Nahle, Z., Juan, G., Diaz-Rodriguez, E., Alaminos, M., Hemann, M., Michel, L., Mittal, V., Gerald, W., Benezra, R., Lowe, S.W. and Cordon-Cardo, C. (2004) Rb inactivation promotes genomic instability by uncoupling cell cycle progression from mitotic control. *Nature*, 430, 797-802.

Herskowitz, I. (1995) MAP kinase pathways in yeast: for mating and more. *Cell*, 80, 187-197.

Hill, D.A., Chiosea, S., Jamaluddin, S., Roy, K., Fischer, A.H., Boyd, D.D., Nickerson, J.A. and Imbalzano, A.N. (2004) Inducible changes in cell size and attachment area due to expression of a mutant SWI/SNF chromatin remodeling enzyme. *J Cell Sci*, 117, 5847-5854.

Hirschhorn, J.N., Brown, S.A., Clark, C.D. and Winston, F. (1992) Evidence that SNF2/SWI2 and SNF5 activate transcription in yeast by altering chromatin structure. *Genes Dev*, 6, 2288-2298.

Hofmann, M., Rudy, W., Gunthert, U., Zimmer, S.G., Zawadzki, V., Zoller, M., Lichtner, R.B., Herrlich, P. and Ponta, H. (1993) A link between ras and metastatic behavior of tumor cells: ras induces CD44 promoter activity and leads to low-level expression of metastasis-specific variants of CD44 in CREF cells. *Cancer Res*, 53, 1516-1521.

Hollander, M.C., Zhan, Q., Bae, I. and Fornace, A.J., Jr. (1997) Mammalian GADD34, an apoptosis- and DNA damage-inducible gene. *J Biol Chem*, 272, 13731-13737.

Holloway, A.F., Rao, S., Chen, X. and Shannon, M.F. (2003) Changes in Chromatin Accessibility Across the GM-CSF Promoter upon T Cell Activation Are Dependent on Nuclear Factor kappaB Proteins. *J Exp Med*, 197, 413-423.

Hong, S.P., Leiper, F.C., Woods, A., Carling, D. and Carlson, M. (2003) Activation of yeast Snf1 and mammalian AMP-activated protein kinase by upstream kinases. *Proc Natl Acad Sci U S A*, 100, 8839-8843.

Horio, T. and Oakley, B.R. (1994) Human gamma-tubulin functions in fission yeast. *J Cell Biol*, 126, 1465-1473.

Hsiao, P.W., Deroo, B.J. and Archer, T.K. (2002) Chromatin remodeling and tissue-selective responses of nuclear hormone receptors. *Biochem Cell Biol*, 80, 343-351.

Hsiao, P.W., Fryer, C.J., Trotter, K.W., Wang, W. and Archer, T.K. (2003) BAF60a mediates critical interactions between nuclear receptors and the BRG1 chromatin-remodeling complex for transactivation. *Mol Cell Biol*, 23, 6210-6220.

Hsu, J.M., Huang, J., Meluh, P.B. and Laurent, B.C. (2003) The yeast RSC chromatin-remodeling complex is required for kinetochore function in chromosome segregation. *Mol Cell Biol*, 23, 3202-3215.

Huang, J., Hsu, J.M. and Laurent, B.C. (2004) The RSC nucleosome-remodeling complex is required for Cohesin's association with chromosome arms. *Mol Cell*, 13, 739-750.

Huang, M., Qian, F., Hu, Y., Ang, C., Li, Z. and Wen, Z. (2002) Chromatin-remodelling factor BRG1 selectively activates a subset of interferon-alpha-inducible genes. *Nat Cell Biol*, 4, 774-781.

Hwang, S., Lee, D., Gwack, Y., Min, H. and Choe, J. (2003) Kaposi's sarcoma-associated herpesvirus K8 protein interacts with hSNF5. *J Gen Virol*, 84, 665-676.

Iba, H., Mizutani, T. and Ito, T. (2003) SWI/SNF chromatin remodelling complex and retroviral gene silencing. *Rev Med Virol*, 13, 99-110.

Ichinose, H., Garnier, J.M., Chambon, P. and Losson, R. (1997) Ligand-dependent interaction between the estrogen receptor and the human homologues of SWI2/SNF2. *Gene*, 188, 95-100.

Ikura, T., Ogryzko, V.V., Grigoriev, M., Groisman, R., Wang, J., Horikoshi, M., Scully, R., Qin, J. and Nakatani, Y. (2000) Involvement of the TIP60 histone acetylase complex in DNA repair and apoptosis. *Cell*, 102, 463-473.

Imbalzano, A.N., Schnitzler, G.R. and Kingston, R.E. (1996) Nucleosome disruption by human SWI/SNF is maintained in the absence of continued ATP hydrolysis. *J Biol Chem*, 271, 20726-20733.

Ishida, M., Tanaka, S., Ohki, M. and Ohta, T. (2004) Transcriptional co-activator activity of SYT is negatively regulated by BRM and Brg1. *Genes Cells*, 9, 419-428.

Ito, T., Yamauchi, M., Nishina, M., Yamamichi, N., Mizutani, T., Ui, M., Murakami, M. and Iba, H. (2001) Identification of SWI.SNF complex subunit BAF60a as a determinant of the transactivation potential of Fos/Jun dimers. *J Biol Chem*, 276, 2852-2857.

Jaskelioff, M., Gavin, I.M., Peterson, C.L. and Logie, C. (2000) SWI-SNF-mediated nucleosome remodeling: role of histone octamer mobility in the persistence of the remodeled state. *Mol Cell Biol*, 20, 3058-3068.

Jeddeloh, J.A., Stokes, T.L. and Richards, E.J. (1999) Maintenance of genomic methylation requires a SWI2/SNF2-like protein. *Nat Genet*, 22, 94-97.

Jiang, H., Chou, H.S. and Zhu, L. (1998) Requirement of cyclin E-Cdk2 inhibition in p16(INK4a)-mediated growth suppression. *Mol Cell Biol*, 18, 5284-5290.

Kadam, S. and Emerson, B.M. (2003) Transcriptional Specificity of Human SWI/SNF BRG1 and BRM Chromatin Remodeling Complexes. *Mol Cell*, 11, 377-389.

Kadam, S., McAlpine, G.S., Phelan, M.L., Kingston, R.E., Jones, K.A. and Emerson, B.M. (2000) Functional selectivity of recombinant mammalian SWI/SNF subunits. *Genes Dev*, 14, 2441-2451.

Kalpana, G.V., Marmon, S., Wang, W., Crabtree, G.R. and Goff, S.P. (1994) Binding and stimulation of HIV-1 integrase by a human homolog of yeast transcription factor SNF5. *Science*, 266, 2002-2006.

Kang, H., Cui, K. and Zhao, K. (2004) BRG1 controls the activity of the retinoblastoma protein via regulation of p21CIP1/WAF1/SDI. *Mol Cell Biol*, 24, 1188-1199.

Khavari, P.A., Peterson, C.L., Tamkun, J.W., Mendel, D.B. and Crabtree, G.R. (1993) BRG1 contains a conserved domain of the SWI2/SNF2 family necessary for normal mitotic growth and transcription. *Nature*, 366, 170-174.

Kim, J.K., Huh, S.O., Choi, H., Lee, K.S., Shin, D., Lee, C., Nam, J.S., Kim, H., Chung, H., Lee, H.W., Park, S.D. and Seong, R.H. (2001) Srg3, a mouse homolog of yeast SWI3, is essential for early embryogenesis and involved in brain development. *Mol Cell Biol*, 21, 7787-7795.

Kiyokawa, H., Kineman, R.D., Manova-Todorova, K.O., Soares, V.C., Hoffman, E.S., Ono, M., Khanam, D., Hayday, A.C., Frohman, L.A. and Koff, A. (1996) Enhanced growth of mice lacking the cyclin-dependent kinase inhibitor function of p27(Kip1). *Cell*, 85, 721-732.

Klochendler-Yeivin, A., Fiette, L., Barra, J., Muchardt, C., Babinet, C. and Yaniv, M. (2000) The murine SNF5/INI1 chromatin remodeling factor is essential for embryonic development and tumor suppression. *EMBO Rep*, 1, 500-506.

Kowenz-Leutz, E. and Leutz, A. (1999) A C/EBP beta isoform recruits the SWI/SNF complex to activate myeloid genes. *Mol Cell*, 4, 735-743.

Krebs, J.E., Kuo, M.H., Allis, C.D. and Peterson, C.L. (1999) Cell cycle-regulated histone acetylation required for expression of the yeast HO gene. *Genes Dev*, 13, 1412-1421.

Kruger, W. and Herskowitz, I. (1991) A negative regulator of HO transcription, SIN1 (SPT2), is a nonspecific DNA-binding protein related to HMG1. *Mol Cell Biol*, 11, 4135-4146.

Kruger, W.D. and Cox, D.R. (1994) A yeast system for expression of human cystathionine beta-synthase: structural and functional conservation of the human and yeast genes. *Proc Natl Acad Sci U S A*, 91, 6614-6618.

Kuramochi, S., Matsuda, Y., Okamoto, M., Kitamura, F., Yonekawa, H. and Karasuyama, H. (1999) Molecular cloning of the human gene STK10 encoding

147

lymphocyte-oriented kinase, and comparative chromosomal mapping of the human, mouse, and rat homologues. *Immunogenetics*, 49, 369-375.

Kuramochi, S., Moriguchi, T., Kuida, K., Endo, J., Semba, K., Nishida, E. and Karasuyama, H. (1997) LOK is a novel mouse STE20-like protein kinase that is expressed predominantly in lymphocytes. *J Biol Chem*, 272, 22679-22684.

Kwon, H., Imbalzano, A.N., Khavari, P.A., Kingston, R.E. and Green, M.R. (1994) Nucleosome disruption and enhancement of activator binding by a human SWI/SNF complex. *Nature*, 370, 477-481.

Kyriakis, J.M. (1999) Signaling by the germinal center kinase family of protein kinases. *J Biol Chem*, 274, 5259-5262.

Lamb, R.F., Hennigan, R.F., Turnbull, K., Katsanakis, K.D., MacKenzie, E.D., Birnie, G.D. and Ozanne, B.W. (1997) AP-1-mediated invasion requires increased expression of the hyaluronan receptor CD44. *Mol Cell Biol*, 17, 963-976.

Lauffart, B., Howell, S.J., Tasch, J.E., Cowell, J.K. and Still, I.H. (2002) Interaction of the transforming acidic coiled-coil 1 (TACC1) protein with ch-TOG and GAS41/NuBI1 suggests multiple TACC1-containing protein complexes in human cells. *Biochem J*, 363, 195-200.

Laurent, B.C., Treich, I. and Carlson, M. (1993) The yeast SNF2/SWI2 protein has DNA-stimulated ATPase activity required for transcriptional activation. *Genes Dev*, 7, 583-591.

Laurent, B.C., Treitel, M.A. and Carlson, M. (1990) The SNF5 protein of Saccharomyces cerevisiae is a glutamine- and proline-rich transcriptional activator that affects expression of a broad spectrum of genes. *Mol Cell Biol*, 10, 5616-5625.

Laurent, B.C., Treitel, M.A. and Carlson, M. (1991) Functional interdependence of the yeast SNF2, SNF5, and SNF6 proteins in transcriptional activation. *Proc Natl Acad Sci U S A*, 88, 2687-2691.

Leberer, E., Dignard, D., Harcus, D., Thomas, D.Y. and Whiteway, M. (1992) The protein kinase homologue Ste20p is required to link the yeast pheromone response G-protein beta gamma subunits to downstream signalling components. *Embo J*, 11, 4815-4824.

Lee, D., Kim, J.W., Seo, T., Hwang, S.G., Choi, E.J. and Choe, J. (2002) SWI/SNF complex interacts with tumor suppressor p53 and is necessary for the activation of p53-mediated transcription. *J Biol Chem*, 277, 22330-22337.

Lee, D., Sohn, H., Kalpana, G.V. and Choe, J. (1999) Interaction of E1 and hSNF5 proteins stimulates replication of human papillomavirus DNA. *Nature*, 399, 487-491.

Lee, J.H., Lee, J.Y., Chang, S.H., Kang, M.J. and Kwon, H. (2005) Effects of Ser2 and Tyr6 mutants of BAF53 on cell growth and p53-dependent transcription. *Mol Cells*, 19, 289-293.

Lee, L.A., Dolde, C., Barrett, J., Wu, C.S. and Dang, C.V. (1996) A link between c-Myc-mediated transcriptional repression and neoplastic transformation. *J Clin Invest*, 97, 1687-1695.

LeGouy, E., Thompson, E.M., Muchardt, C. and Renard, J.P. (1998) Differential preimplantation regulation of two mouse homologues of the yeast SWI2 protein. *Dev Dyn*, 212, 38-48.

Leong, F.J. and Leong, A.S. (1996) Malignant rhabdoid tumor in adults--heterogenous tumors with a unique morphological phenotype. *Pathol Res Pract*, 192, 796-807.

Leopold, P. and O'Farrell, P.H. (1991) An evolutionarily conserved cyclin homolog from Drosophila rescues yeast deficient in G1 cyclins. *Cell*, 66, 1207-1216.

Lewin, B. (1994) Chromatin and gene expression: constant questions, but changing answers. *Cell*, 79, 397-406.

Li, L., Ernsting, B.R., Wishart, M.J., Lohse, D.L. and Dixon, J.E. (1997) A family of putative tumor suppressors is structurally and functionally conserved in humans and yeast. *J Biol Chem*, 272, 29403-29406.

Link, K.A., Burd, C.J., Williams, E., Marshall, T., Rosson, G., Henry, E., Weissman, B. and Knudsen, K.E. (2005) BAF57 governs androgen receptor action and androgen-dependent proliferation through SWI/SNF. *Mol Cell Biol*, 25, 2200-2215.

Liu, H., Kang, H., Liu, R., Chen, X. and Zhao, K. (2002) Maximal Induction of a Subset of Interferon Target Genes Requires the Chromatin-Remodeling Activity of the BAF Complex. *Mol Cell Biol*, 22, 6471-6479.

Liu, R., Liu, H., Chen, X., Kirby, M., Brown, P.O. and Zhao, K. (2001) Regulation of CSF1 promoter by the SWI/SNF-like BAF complex. *Cell*, 106, 309-318.

Lorch, Y., Zhang, M. and Kornberg, R.D. (1999) Histone octamer transfer by a chromatin-remodeling complex. *Cell*, 96, 389-392.

Lorch, Y., Zhang, M. and Kornberg, R.D. (2001) RSC unravels the nucleosome. *Mol Cell*, 7, 89-95.

Luger, K. and Richmond, T.J. (1998) The histone tails of the nucleosome. *Curr Opin Genet Dev*, 8, 140-146.

Luo, R.X., Postigo, A.A. and Dean, D.C. (1998) Rb interacts with histone deacetylase to repress transcription. *Cell*, 92, 463-473.

Lutterbach, J., Liegibel, J., Koch, D., Madlinger, A., Frommhold, H. and Pagenstecher, A. (2001) Atypical teratoid/rhabdoid tumors in adult patients: case report and review of the literature. *J Neurooncol*, 52, 49-56.

MacLachlan, T.K., Somasundaram, K., Sgagias, M., Shifman, Y., Muschel, R.J., Cowan, K.H. and El-Deiry, W.S. (2000) BRCA1 effects on the cell cycle and the DNA damage response are linked to altered gene expression. *J Biol Chem*, 275, 2777-2785.

Manser, E. and Lim, L. (1999) Roles of PAK family kinases. *Prog Mol Subcell Biol*, 22, 115-133.

Marenda, D.R., Zraly, C.B., Feng, Y., Egan, S. and Dingwall, A.K. (2003) The Drosophila SNR1 (SNF5/INI1) subunit directs essential developmental functions of the Brahma chromatin remodeling complex. *Mol Cell Biol*, 23, 289-305.

Marshall, T.W., Link, K.A., Petre-Draviam, C.E. and Knudsen, K.E. (2003) Differential requirement of SWI/SNF for androgen receptor activity. *J Biol Chem*, 278, 30605-30613.

McMaster, M.L., Gessler, M., Stanbridge, E.J. and Weissman, B.E. (1995) WT1 expression alters tumorigenicity of the G401 kidney-derived cell line. *Cell Growth Differ*, 6, 1609-1617.

Medina, P.P., Carretero, J., Ballestar, E., Angulo, B., Lopez-Rios, F., Esteller, M. and Sanchez-Cespedes, M. (2005) Transcriptional targets of the chromatin-remodelling factor SMARCA4/BRG1 in lung cancer cells. *Hum Mol Genet*, 14, 973-982.

Medina, P.P., Carretero, J., Fraga, M.F., Esteller, M., Sidransky, D. and Sanchez-Cespedes, M. (2004) Genetic and epigenetic screening for gene alterations of the chromatin-remodeling factor, SMARCA4/BRG1, in lung tumors. *Genes Chromosomes Cancer*, 41, 170-177.

Medjkane, S., Novikov, E., Versteege, I. and Delattre, O. (2004) The tumor suppressor hSNF5/INI1 modulates cell growth and actin cytoskeleton organization. *Cancer Res*, 64, 3406-3413.

Misawa, A., Hosoi, H., Imoto, I., Iehara, T., Sugimoto, T. and Inazawa, J. (2004) Translocation (1;22)(p36;q11.2) with concurrent del(22)(q11.2) resulted in homozygous deletion of SNF5/INI1 in a newly established cell line derived from extrarenal rhabdoid tumor. *J Hum Genet*, 49, 586-589.

Modena, P., Lualdi, E., Facchinetti, F., Galli, L., Teixeira, M.R., Pilotti, S. and Sozzi, G. (2005) SMARCB1/INI1 tumor suppressor gene is frequently inactivated in epithelioid sarcomas. *Cancer Res*, 65, 4012-4019.

Morozov, A., Yung, E. and Kalpana, G.V. (1998) Structure-function analysis of integrase interactor 1/hSNF5L1 reveals differential properties of two repeat motifs present in the highly conserved region. *Proc Natl Acad Sci U S A*, 95, 1120-1125.

Muchardt, C., Bourachot, B., Reyes, J.C. and Yaniv, M. (1998) ras transformation is associated with decreased expression of the brm/SNF2alpha ATPase from the mammalian SWI-SNF complex. *Embo J*, 17, 223-231.

Muchardt, C., Reyes, J.C., Bourachot, B., Leguoy, E. and Yaniv, M. (1996) The hbrm and BRG-1 proteins, components of the human SNF/SWI complex, are phosphorylated and excluded from the condensed chromosomes during mitosis. *Embo J*, 15, 3394-3402.

Muchardt, C., Sardet, C., Bourachot, B., Onufryk, C. and Yaniv, M. (1995) A human protein with homology to Saccharomyces cerevisiae SNF5 interacts with the potential helicase hbrm. *Nucleic Acids Res*, 23, 1127-1132.

Muchardt, C. and Yaniv, M. (1993) A human homologue of Saccharomyces cerevisiae SNF2/SWI2 and Drosophila brm genes potentiates transcriptional activation by the glucocorticoid receptor. *Embo J*, 12, 4279-4290.

Muchardt, C. and Yaniv, M. (1999) ATP-dependent chromatin remodelling: SWI/SNF and Co. are on the job. *J Mol Biol*, 293, 187-198.

Muchardt, C. and Yaniv, M. (2001) When the SWI/SNF complex remodels...the cell cycle. *Oncogene*, 20, 3067-3075.

Murphy, D.J., Hardy, S. and Engel, D.A. (1999) Human SWI-SNF component BRG1 represses transcription of the c-fos gene. *Mol Cell Biol*, 19, 2724-2733.

Murray, J.M., Tavassoli, M., al-Harithy, R., Sheldrick, K.S., Lehmann, A.R., Carr, A.M. and Watts, F.Z. (1994) Structural and functional conservation of the human homolog of the Schizosaccharomyces pombe rad2 gene, which is required for chromosome segregation and recovery from DNA damage. *Mol Cell Biol*, 14, 4878-4888.

Neigeborn, L. and Carlson, M. (1984) Genes affecting the regulation of SUC2 gene expression by glucose repression in Saccharomyces cerevisiae. *Genetics*, 108, 845-858.

Neigeborn, L., Rubin, K. and Carlson, M. (1986) Suppressors of SNF2 mutations restore invertase derepression and cause temperature-sensitive lethality in yeast. *Genetics*, 112, 741-753.

Nie, Z., Xue, Y., Yang, D., Zhou, S., Deroo, B.J., Archer, T.K. and Wang, W. (2000) A specificity and targeting subunit of a human SWI/SNF family-related chromatin-remodeling complex. *Mol Cell Biol*, 20, 8879-8888.

Nie, Z., Yan, Z., Chen, E.H., Sechi, S., Ling, C., Zhou, S., Xue, Y., Yang, D., Murray, D., Kanakubo, E., Cleary, M.L. and Wang, W. (2003) Novel SWI/SNF chromatin-remodeling complexes contain a mixed-lineage leukemia chromosomal translocation partner. *Mol Cell Biol*, 23, 2942-2952.

O'Neill, D., Yang, J., Erdjument-Bromage, H., Bornschlegel, K., Tempst, P. and Bank, A. (1999) Tissue-specific and developmental stage-specific DNA binding by a mammalian SWI/SNF complex associated with human fetal-to-adult globin gene switching. *Proc Natl Acad Sci U S A*, 96, 349-354.

O'Neill, D.W., Schoetz, S.S., Lopez, R.A., Castle, M., Rabinowitz, L., Shor, E., Krawchuk, D., Goll, M.G., Renz, M., Seelig, H.P., Han, S., Seong, R.H., Park, S.D., Agalioti, T., Munshi, N., Thanos, D., Erdjument-Bromage, H., Tempst, P. and Bank, A. (2000) An ikaros-containing chromatin-remodeling complex in adult-type erythroid cells. *Mol Cell Biol*, 20, 7572-7582.

Okabe, I., Bailey, L.C., Attree, O., Srinivasan, S., Perkel, J.M., Laurent, B.C., Carlson, M., Nelson, D.L. and Nussbaum, R.L. (1992) Cloning of human and bovine homologs of SNF2/SWI2: a global activator of transcription in yeast S. cerevisiae. *Nucleic Acids Res*, 20, 4649-4655.

Orkin, S.H. (1995) Regulation of globin gene expression in erythroid cells. *Eur J Biochem*, 231, 271-281.

Oruetxebarria, I., Venturini, F., Kekarainen, T., Houweling, A., Zuijderduijn, L.M., Mohd-Sarip, A., Vries, R.G., Hoeben, R.C. and Verrijzer, C.P. (2004) P16INK4a is required for hSNF5 chromatin remodeler-induced cellular senescence in malignant rhabdoid tumor cells. *J Biol Chem*, 279, 3807-3816.

Otsuki, T., Furukawa, Y., Ikeda, K., Endo, H., Yamashita, T., Shinohara, A., Iwamatsu, A., Ozawa, K. and Liu, J.M. (2001) Fanconi anemia protein, FANCA, associates with BRG1, a component of the human SWI/SNF complex. *Hum Mol Genet*, 10, 2651-2660.

Park, J., Wood, M.A. and Cole, M.D. (2002) BAF53 forms distinct nuclear complexes and functions as a critical c-Myc-interacting nuclear cofactor for oncogenic transformation. *Mol Cell Biol*, 22, 1307-1316.

Pedersen, T.A., Kowenz-Leutz, E., Leutz, A. and Nerlov, C. (2001) Cooperation between C/EBPalpha TBP/TFIIB and SWI/SNF recruiting domains is required for adipocyte differentiation. *Genes Dev*, 15, 3208-3216.

Perani, M., Ingram, C.J., Cooper, C.S., Garrett, M.D. and Goodwin, G.H. (2003) Conserved SNH domain of the proto-oncoprotein SYT interacts with components of the human chromatin remodelling complexes, while the QPGY repeat domain forms homo-oligomers. *Oncogene*, 22, 8156-8167.

Perlmann, T. and Wrange, O. (1988) Specific glucocorticoid receptor binding to DNA reconstituted in a nucleosome. *Embo J*, 7, 3073-3079.

Peterson, C.L., Dingwall, A. and Scott, M.P. (1994) Five SWI/SNF gene products are components of a large multisubunit complex required for transcriptional enhancement. *Proc Natl Acad Sci U S A*, 91, 2905-2908.

Peterson, C.L. and Herskowitz, I. (1992) Characterization of the yeast SWI1, SWI2, and SWI3 genes, which encode a global activator of transcription. *Cell*, 68, 573-583.

Pham, T.A., Hwung, Y.P., Santiso-Mere, D., McDonnell, D.P. and O'Malley, B.W. (1992a) Ligand-dependent and -independent function of the transactivation regions of the human estrogen receptor in yeast. *Mol Endocrinol*, 6, 1043-1050.

Pham, T.A., McDonnell, D.P., Tsai, M.J. and O'Malley, B.W. (1992b) Modulation of progesterone receptor binding to progesterone response elements by positioned nucleosomes. *Biochemistry*, 31, 1570-1578.

Phelan, M.L., Sif, S., Narlikar, G.J. and Kingston, R.E. (1999) Reconstitution of a core chromatin remodeling complex from SWI/SNF subunits. *Mol Cell*, 3, 247-253.

Philipp, A., Schneider, A., Vasrik, I., Finke, K., Xiong, Y., Beach, D., Alitalo, K. and Eilers, M. (1994) Repression of cyclin D1: a novel function of MYC. *Mol Cell Biol*, 14, 4032-4043.

Picard, D., Khursheed, B., Garabedian, M.J., Fortin, M.G., Lindquist, S. and Yamamoto, K.R. (1990) Reduced levels of hsp90 compromise steroid receptor action in vivo. *Nature*, 348, 166-168.

Quinn, J., Fyrberg, A.M., Ganster, R.W., Schmidt, M.C. and Peterson, C.L. (1996) DNA-binding properties of the yeast SWI/SNF complex. *Nature*, 379, 844-847.

Randazzo, F.M., Khavari, P., Crabtree, G., Tamkun, J. and Rossant, J. (1994) brg1: a putative murine homologue of the Drosophila brahma gene, a homeotic gene regulator. *Dev Biol*, 161, 229-242.

Reincke, B.S., Rosson, G.B., Oswald, B.W. and Wright, C.F. (2003) INI1 expression induces cell cycle arrest and markers of senescence in malignant rhabdoid tumor cells. *J Cell Physiol*, 194, 303-313.

Reisman, D.N., Sciarrotta, J., Wang, W., Funkhouser, W.K. and Weissman, B.E. (2003) Loss of BRG1/BRM in human lung cancer cell lines and primary lung cancers: correlation with poor prognosis. *Cancer Res*, 63, 560-566.

Reisman, D.N., Strobeck, M.W., Betz, B.L., Sciariotta, J., Funkhouser, W., Jr., Murchardt, C., Yaniv, M., Sherman, L.S., Knudsen, E.S. and Weissman, B.E. (2002) Concomitant down-regulation of BRM and BRG1 in human tumor cell lines:

differential effects on RB-mediated growth arrest vs CD44 expression. *Oncogene*, 21, 1196-1207.

Reyes, J.C., Barra, J., Muchardt, C., Camus, A., Babinet, C. and Yaniv, M. (1998) Altered control of cellular proliferation in the absence of mammalian brahma (SNF2alpha). *Embo J*, 17, 6979-6991.

Roberts, C.W., Galusha, S.A., McMenamin, M.E., Fletcher, C.D. and Orkin, S.H. (2000) Haploinsufficiency of Snf5 (integrase interactor 1) predisposes to malignant rhabdoid tumors in mice. *Proc Natl Acad Sci U S A*, 97, 13796-13800.

Roberts, C.W., Leroux, M.M., Fleming, M.D. and Orkin, S.H. (2002) Highly penetrant, rapid tumorigenesis through conditional inversion of the tumor suppressor gene Snf5. *Cancer Cell*, 2, 415-425.

Rosty, C., Peter, M., Zucman, J., Validire, P., Delattre, O. and Aurias, A. (1998) Cytogenetic and molecular analysis of a t(1;22)(p36;q11.2) in a rhabdoid tumor with a putative homozygous deletion of chromosome 22. *Genes Chromosomes Cancer*, 21, 82-89.

Rousseau-Merck, M.F., Fiette, L., Klochendler-Yeivin, A., Delattre, O. and Aurias, A. (2005) Chromosome mechanisms and INI1 inactivation in human and mouse rhabdoid tumors. *Cancer Genet Cytogenet*, 157, 127-133.

Roy, K., de la Serna, I.L. and Imbalzano, A.N. (2002) The myogenic basic helix-loop-helix family of transcription factors shows similar requirements for SWI/SNF chromatin remodeling enzymes during muscle differentiation in culture. *J Biol Chem*, 277, 33818-33824.

Rozenblatt-Rosen, O., Rozovskaia, T., Burakov, D., Sedkov, Y., Tillib, S., Blechman, J., Nakamura, T., Croce, C.M., Mazo, A. and Canaani, E. (1998) The C-terminal SET domains of ALL-1 and TRITHORAX interact with the INI1 and SNR1 proteins, components of the SWI/SNF complex. *Proc Natl Acad Sci U S A*, 95, 4152-4157.

Schnitzler, G., Sif, S. and Kingston, R.E. (1998) Human SWI/SNF interconverts a nucleosome between its base state and a stable remodeled state. *Cell*, 94, 17-27.

Schofield, D.E., Beckwith, J.B. and Sklar, J. (1996) Loss of heterozygosity at chromosome regions 22q11-12 and 11p15.5 in renal rhabdoid tumors. *Genes Chromosomes Cancer*, 15, 10-17.

Sells, M.A., Knaus, U.G., Bagrodia, S., Ambrose, D.M., Bokoch, G.M. and Chernoff, J. (1997) Human p21-activated kinase (Pak1) regulates actin organization in mammalian cells. *Curr Biol*, 7, 202-210.

Sevenet, N., Lellouch-Tubiana, A., Schofield, D., Hoang-Xuan, K., Gessler, M., Birnbaum, D., Jeanpierre, C., Jouvet, A. and Delattre, O. (1999a) Spectrum of hSNF5/INI1 somatic mutations in human cancer and genotype-phenotype correlations. *Hum Mol Genet*, 8, 2359-2368.

Sevenet, N., Sheridan, E., Amram, D., Schneider, P., Handgretinger, R. and Delattre, O. (1999b) Constitutional mutations of the hSNF5/INI1 gene predispose to a variety of cancers. *Am J Hum Genet*, 65, 1342-1348.

Shanahan, F., Seghezzi, W., Parry, D., Mahony, D. and Lees, E. (1999) Cyclin E associates with BAF155 and BRG1, components of the mammalian SWI-SNF complex, and alters the ability of BRG1 to induce growth arrest. *Mol Cell Biol*, 19, 1460-1469.

Shea, J.E., Toyn, J.H. and Johnston, L.H. (1994) The budding yeast U5 snRNP Prp8 is a highly conserved protein which links RNA splicing with cell cycle progression. *Nucleic Acids Res*, 22, 5555-5564.

Siddiqui, H., Solomon, D.A., Gunawardena, R.W., Wang, Y. and Knudsen, E.S. (2003) Histone deacetylation of RB-responsive promoters: requisite for specific gene repression but dispensable for cell cycle inhibition. *Mol Cell Biol*, 23, 7719-7731.

Sif, S., Stukenberg, P.T., Kirschner, M.W. and Kingston, R.E. (1998) Mitotic inactivation of a human SWI/SNF chromatin remodeling complex. *Genes Dev*, 12, 2842-2851.

152

Singh, P., Coe, J. and Hong, W. (1995) A role for retinoblastoma protein in potentiating transcriptional activation by the glucocorticoid receptor. *Nature*, 374, 562-565.

Stern, M., Jensen, R. and Herskowitz, I. (1984) Five SWI genes are required for expression of the HO gene in yeast. *J Mol Biol*, 178, 853-868.

Still, I.H., Hamilton, M., Vince, P., Wolfman, A. and Cowell, J.K. (1999a) Cloning of TACC1, an embryonically expressed, potentially transforming coiled coil containing gene, from the 8p11 breast cancer amplicon. *Oncogene*, 18, 4032-4038.

Still, I.H., Vince, P. and Cowell, J.K. (1999b) The third member of the transforming acidic coiled coil-containing gene family, TACC3, maps in 4p16, close to translocation breakpoints in multiple myeloma, and is upregulated in various cancer cell lines. *Genomics*, 58, 165-170.

Strobeck, M.W., DeCristofaro, M.F., Banine, F., Weissman, B.E., Sherman, L.S. and Knudsen, E.S. (2001) The BRG-1 subunit of the SWI/SNF complex regulates CD44 expression. *J Biol Chem*, 276, 9273-9278.

Strobeck, M.W., Knudsen, K.E., Fribourg, A.F., DeCristofaro, M.F., Weissman, B.E., Imbalzano, A.N. and Knudsen, E.S. (2000) BRG-1 is required for RB-mediated cell cycle arrest. *Proc Natl Acad Sci U S A*, 97, 7748-7753.

Strober, B.E., Dunaief, J.L., Guha and Goff, S.P. (1996) Functional interactions between the hBRM/hBRG1 transcriptional activators and the pRB family of proteins. *Mol Cell Biol*, 16, 1576-1583.

Sudarsanam, P., Cao, Y., Wu, L., Laurent, B.C. and Winston, F. (1999) The nucleosome remodeling complex, Snf/Swi, is required for the maintenance of transcription in vivo and is partially redundant with the histone acetyltransferase, Gcn5. *Embo J*, 18, 3101-3106.

Sudarsanam, P., Iyer, V.R., Brown, P.O. and Winston, F. (2000) Whole-genome expression analysis of snf/swi mutants of Saccharomyces cerevisiae. *Proc Natl Acad Sci U S A*, 97, 3364-3369.

Sumi-Ichinose, C., Ichinose, H., Metzger, D. and Chambon, P. (1997) SNF2beta-BRG1 is essential for the viability of F9 murine embryonal carcinoma cells. *Mol Cell Biol*, 17, 5976-5986.

Taguchi, A.K. and Young, E.T. (1987a) The cloning and mapping of ADR6, a gene required for sporulation and for expression of the alcohol dehydrogenase II isozyme from Saccharomyces cerevisiae. *Genetics*, 116, 531-540.

Taguchi, A.K. and Young, E.T. (1987b) The identification and characterization of ADR6, a gene required for sporulation and for expression of the alcohol dehydrogenase II isozyme from Saccharomyces cerevisiae. *Genetics*, 116, 523-530.

Takayama, M.A., Taira, T., Tamai, K., Iguchi-Ariga, S.M. and Ariga, H. (2000) ORC1 interacts with c-Myc to inhibit E-box-dependent transcription by abrogating c-Myc-SNF5/INI1 interaction. *Genes Cells*, 5, 481-490.

Talbert, P.B. and Garber, R.L. (1994) The Drosophila homeotic mutation Nasobemia (AntpNs) and its revertants: an analysis of mutational reversion. *Genetics*, 138, 709-720.

Tamkun, J.W., Deuring, R., Scott, M.P., Kissinger, M., Pattatucci, A.M., Kaufman, T.C. and Kennison, J.A. (1992) brahma: a regulator of Drosophila homeotic genes structurally related to the yeast transcriptional activator SNF2/SWI2. *Cell*, 68, 561-572.

Thaete, C., Brett, D., Monaghan, P., Whitehouse, S., Rennie, G., Rayner, E., Cooper, C.S. and Goodwin, G. (1999) Functional domains of the SYT and SYT-SSX synovial sarcoma translocation proteins and co-localization with the SNF protein BRM in the nucleus. *Hum Mol Genet*, 8, 585-591.

Tkachuk, D.C., Kohler, S. and Cleary, M.L. (1992) Involvement of a homolog of Drosophila trithorax by 11q23 chromosomal translocations in acute leukemias. *Cell*, 71, 691-700.

Treich, I., Cairns, B.R., de los Santos, T., Brewster, E. and Carlson, M. (1995) SNF11, a new component of the yeast SNF-SWI complex that interacts with a conserved region of SNF2. *Mol Cell Biol*, 15, 4240-4248.

Trouche, D., Le Chalony, C., Muchardt, C., Yaniv, M. and Kouzarides, T. (1997) RB and hbrm cooperate to repress the activation functions of E2F1. *Proc Natl Acad Sci U S A*, 94, 11268-11273.

Tsikitis, M., Zhang, Z., Edelman, W., Zagzag, D. and Kalpana, G.V. (2005) Genetic ablation of Cyclin D1 abrogates genesis of rhabdoid tumors resulting from Ini1 loss. *Proc Natl Acad Sci U S A*, 102, 12129-12134.

Tsukiyama, T., Palmer, J., Landel, C.C., Shiloach, J. and Wu, C. (1999) Characterization of the imitation switch subfamily of ATP-dependent chromatin-remodeling factors in Saccharomyces cerevisiae. *Genes Dev*, 13, 686-697.

Tsukiyama, T. and Wu, C. (1995) Purification and properties of an ATP-dependent nucleosome remodeling factor. *Cell*, 83, 1011-1020.

Varga-Weisz, P.D. and Becker, P.B. (1998) Chromatin-remodeling factors: machines that regulate? *Curr Opin Cell Biol*, 10, 346-353.

Varga-Weisz, P.D., Wilm, M., Bonte, E., Dumas, K., Mann, M. and Becker, P.B. (1997) Chromatin-remodelling factor CHRAC contains the ATPases ISWI and topoisomerase II. *Nature*, 388, 598-602.

Vazquez, M., Moore, L. and Kennison, J.A. (1999) The trithorax group gene osa encodes an ARID-domain protein that genetically interacts with the brahma chromatin-remodeling factor to regulate transcription. *Development*, 126, 733-742.

Vazquez-Novelle, M.D., Esteban, V., Bueno, A. and Sacristan, M.P. (2005) Functional homology among human and fission yeast CDC14 phosphatases. *J Biol Chem*.

Versteege, I., Medjkane, S., Rouillard, D. and Delattre, O. (2002) A key role of the hSNF5/INI1 tumour suppressor in the control of the G1-S transition of the cell cycle. *Oncogene*, 21, 6403-6412.

Versteege, I., Sevenet, N., Lange, J., Rousseau-Merck, M.F., Ambros, P., Handgretinger, R., Aurias, A. and Delattre, O. (1998) Truncating mutations of hSNF5/INI1 in aggressive paediatric cancer. *Nature*, 394, 203-206.

Vries, R.G., Bezrookove, V., Zuijderduijn, L.M., Kia, S.K., Houweling, A., Oruetxebarria, I., Raap, A.K. and Verrijzer, C.P. (2005) Cancer-associated mutations in chromatin remodeler hSNF5 promote chromosomal instability by compromising the mitotic checkpoint. *Genes Dev*, 19, 665-670.

Walter, S.A., Cutler, R.E., Jr., Martinez, R., Gishizky, M. and Hill, R.J. (2003) Stk10, a new member of the polo-like kinase kinase family highly expressed in hematopoietic tissue. *J Biol Chem*, 278, 18221-18228.

Wang, F., Zhang, R., Beischlag, T.V., Muchardt, C., Yaniv, M. and Hankinson, O. (2004a) Roles of Brahma and Brahma/SWI2-related gene 1 in hypoxic induction of the erythropoietin gene. *J Biol Chem*, 279, 46733-46741.

Wang, W., Chi, T., Xue, Y., Zhou, S., Kuo, A. and Crabtree, G.R. (1998) Architectural DNA binding by a high-mobility-group/kinesin-like subunit in mammalian SWI/SNF-related complexes. *Proc Natl Acad Sci U S A*, 95, 492-498.

Wang, W., Cote, J., Xue, Y., Zhou, S., Khavari, P.A., Biggar, S.R., Muchardt, C., Kalpana, G.V., Goff, S.P., Yaniv, M., Workman, J.L. and Crabtree, G.R. (1996) Purification and biochemical heterogeneity of the mammalian SWI-SNF complex. *Embo J*, 15, 5370-5382.

Wang, X., Nagl, N.G., Jr., Flowers, S., Zweitzig, D., Dallas, P.B. and Moran, E. (2004b) Expression of p270 (ARID1A), a component of human SWI/SNF complexes, in human tumors. *Int J Cancer*, 112, 636.

Wang, Z., Zhai, W., Richardson, J.A., Olson, E.N., Meneses, J.J., Firpo, M.T., Kang, C., Skarnes, W.C. and Tjian, R. (2004c) Polybromo protein BAF180 functions in mammalian cardiac chamber maturation. *Genes Dev*, 18, 3106-3116.

Wick, M.R., Ritter, J.H. and Dehner, L.P. (1995) Malignant rhabdoid tumors: a clinicopathologic review and conceptual discussion. *Semin Diagn Pathol*, 12, 233-248.

Wilson, C.J., Chao, D.M., Imbalzano, A.N., Schnitzler, G.R., Kingston, R.E. and Young, R.A. (1996) RNA polymerase II holoenzyme contains SWI/SNF regulators involved in chromatin remodeling. *Cell*, 84, 235-244.

Winston, F. and Carlson, M. (1992) Yeast SNF/SWI transcriptional activators and the SPT/SIN chromatin connection. *Trends Genet*, 8, 387-391.

Winston, F., Dollard, C., Malone, E.A., Clare, J., Kapakos, J.G., Farabaugh, P. and Minehart, P.L. (1987) Three genes are required for trans-activation of Ty transcription in yeast. *Genetics*, 115, 649-656.

Winston, F., Durbin, K.J. and Fink, G.R. (1984) The SPT3 gene is required for normal transcription of Ty elements in S. cerevisiae. *Cell*, 39, 675-682.

Wolffe, A.P. and Kurumizaka, H. (1998) The nucleosome: a powerful regulator of transcription. *Prog Nucleic Acid Res Mol Biol*, 61, 379-422.

Wong, A.K., Shanahan, F., Chen, Y., Lian, L., Ha, P., Hendricks, K., Ghaffari, S., Iliev, D., Penn, B., Woodland, A.M., Smith, R., Salada, G., Carillo, A., Laity, K., Gupte, J., Swedlund, B., Tavtigian, S.V., Teng, D.H. and Lees, E. (2000) BRG1, a component of the SWI-SNF complex, is mutated in multiple human tumor cell lines. *Cancer Res*, 60, 6171-6177.

Wu, D.Y., Kalpana, G.V., Goff, S.P. and Schubach, W.H. (1996) Epstein-Barr virus nuclear protein 2 (EBNA2) binds to a component of the human SNF-SWI complex, hSNF5/Ini1. *J Virol*, 70, 6020-6028.

Wu, D.Y., Tkachuck, D.C., Roberson, R.S. and Schubach, W.H. (2002) The human SNF5/INI1 protein facilitates the function of the growth arrest and DNA damage-inducible protein (GADD34) and modulates GADD34-bound protein phosphatase-1 activity. *J Biol Chem*, 277, 27706-27715.

Xue, Y., Canman, J.C., Lee, C.S., Nie, Z., Yang, D., Moreno, G.T., Young, M.K., Salmon, E.D. and Wang, W. (2000) The human SWI/SNF-B chromatin-remodeling complex is related to yeast rsc and localizes at kinetochores of mitotic chromosomes. *Proc Natl Acad Sci U S A*, 97, 13015-13020.

Yoshinaga, S.K., Peterson, C.L., Herskowitz, I. and Yamamoto, K.R. (1992) Roles of SWI1, SWI2, and SWI3 proteins for transcriptional enhancement by steroid receptors. *Science*, 258, 1598-1604.

Yu, J., Madison, J.M., Mundlos, S., Winston, F. and Olsen, B.R. (1998) Characterization of a human homologue of the Saccharomyces cerevisiae transcription factor spt3 (SUPT3H). *Genomics*, 53, 90-96.

Yuan, J., Eckerdt, F., Bereiter-Hahn, J., Kurunci-Csacsko, E., Kaufmann, M. and Strebhardt, K. (2002) Cooperative phosphorylation including the activity of polo-like kinase 1 regulates the subcellular localization of cyclin B1. *Oncogene*, 21, 8282-8292.

Yuge, M., Nagai, H., Uchida, T., Murate, T., Hayashi, Y., Hotta, T., Saito, H. and Kinoshita, T. (2000) HSNF5/INI1 gene mutations in lymphoid malignancy. *Cancer Genet Cytogenet*, 122, 37-42.

Yung, E., Sorin, M., Pal, A., Craig, E., Morozov, A., Delattre, O., Kappes, J., Ott, D. and Kalpana, G.V. (2001) Inhibition of HIV-1 virion production by a transdominant mutant of integrase interactor 1. *Nat Med*, 7, 920-926.

Yung, E., Sorin, M., Wang, E.J., Perumal, S., Ott, D. and Kalpana, G.V. (2004) Specificity of interaction of INI1/hSNF5 with retroviral integrases and its functional significance. *J Virol*, 78, 2222-2231.

Zakrzewska, M., Wojcik, I., Zakrzewski, K., Polis, L., Grajkowska, W., Roszkowski, M., Augelli, B.J., Liberski, P.P. and Rieske, P. (2005) Mutational analysis of hSNF5/INI1 and TP53 genes in choroid plexus carcinomas. *Cancer Genet Cytogenet*, 156, 179-182.

Zhang, F., Tan, L., Wainwright, L.M., Bartolomei, M.S. and Biegel, J.A. (2002a) No evidence for hypermethylation of the hSNF5/INI1 promoter in pediatric rhabdoid tumors. *Genes Chromosomes Cancer*, 34, 398-405.

Zhang, H.S., Gavin, M., Dahiya, A., Postigo, A.A., Ma, D., Luo, R.X., Harbour, J.W. and Dean, D.C. (2000) Exit from G1 and S phase of the cell cycle is regulated by repressor complexes containing HDAC-Rb-hSWI/SNF and Rb-hSWI/SNF. *Cell*, 101, 79-89.

Zhang, Z.K., Davies, K.P., Allen, J., Zhu, L., Pestell, R.G., Zagzag, D. and Kalpana, G.V. (2002b) Cell cycle arrest and repression of cyclin D1 transcription by INI1/hSNF5. *Mol Cell Biol*, 22, 5975-5988.

Zhao, K., Wang, W., Rando, O.J., Xue, Y., Swiderek, K., Kuo, A. and Crabtree, G.R. (1998) Rapid and phosphoinositol-dependent binding of the SWI/SNF-like BAF complex to chromatin after T lymphocyte receptor signaling. *Cell*, 95, 625-636.

Zhou, Z. and Reed, R. (1998) Human homologs of yeast prp16 and prp17 reveal conservation of the mechanism for catalytic step II of pre-mRNA splicing. *Embo J*, 17, 2095-2106.

Zhu, Y., Peterson, C.L. and Christman, M.F. (1995) HPR1 encodes a global positive regulator of transcription in Saccharomyces cerevisiae. *Mol Cell Biol*, 15, 1698-1708.

Zimmermann, K., Ahrens, K., Matthes, S., Buerstedde, J.M., Stratling, W.H. and Phi-van, L. (2002) Targeted disruption of the GAS41 gene encoding a putative transcription factor indicates that GAS41 is essential for cell viability. *J Biol Chem*, 277, 18626-18631.

www.ingramcontent.com/pod-product-compliance
Lightning Source LLC
Chambersburg PA
CBHW021056210326
41598CB00016B/1226